U0568382

为什么
懂比爱更重要

丛非从
著

CONGFEICONG
WORKS

文汇出版社

图书在版编目（CIP）数据

为什么懂比爱更重要 / 丛非从著 . -- 上海：文汇
出版社，2017.1
ISBN 978-7-5496-1910-8

Ⅰ.①为… Ⅱ.①丛… Ⅲ.①人生哲理－通俗读物
Ⅳ.① B821-49

中国版本图书馆 CIP 数据核字（2016）第 269760 号

为什么懂比爱更重要

出 版 人 / 桂国强
作　　者 / 丛非从
责任编辑 / 乐渭琦
封面装帧 / 姚姚设计工作室

出版发行 / 文汇出版社
　　　　　上海市威海路 755 号
　　　　　（邮政编码 200041）
经　　销 / 全国新华书店
印刷装订 / 三河市京兰印务有限公司
版　　次 / 2017 年 1 月第 1 版
印　　次 / 2017 年 1 月第 1 次印刷
开　　本 / 889×1194　1/32
字　　数 / 179 千字
印　　张 / 8

ISBN 978-7-5496-1910-8
定　价：36.80 元

目录
Contents

目 录
Contents

第一部分

懂自己，
改变自己成为最真实的自己

找到内心 真正想做的事

　　我觉得人应该跟随自己的内心，去做自己真正喜欢做的事情。而不是为了生存，做着一份工作，明明不开心，却又无可奈何。或者忧三虑四，不知所向。当我这么说，并不是要清高到不顾社会与家人的责任，狂热于自己的所爱。我始终觉得，其实做一件真正喜欢做的事情，不仅可以让自己快乐、自由，让自己有价值感，更能轻松获得财富，解决好生存和责任问题。因为你真正想做的一件事情，你必然能而且有能力做好。

　　只是很多人会问我这个问题：我自己想要的是什么？

　　有时候我会觉得这是中国教育的悲哀，我们的教育培养了一大批优秀的人才，他们能把事情做得非常好，但是却不知道为什么要做这件事。当他们做　件事情的时候，充满了智慧，但是干完之后却陷入深深的空虚。他们不知道自己要的是什么，于是只能用更努力工作、交际、看电影来打发时间，逃避内心真正的自己，继而继续麻木地生活。直到很多年后物质富裕、生活小康后又一次将这个一度被压抑的问题推上风口浪尖：人活着到底为了什么？

我的答案就是：**做真实的自己，做自己内心真正想做的事，然后创造价值。不为功名利禄，只为求得心安。**

我曾经很没安全感，做着一份稳定的工作，为了那份看起来很好的薪水。但是我不快乐，也不甘心。如果让我追随主流文化继续这份工作，我会为一生而感到缺憾。于是我辞职了。我辞职的时候无比困惑、迷茫和焦虑，未来在哪儿，全然不知。想做什么和能做什么都不知道。

后来，事实并没有我想的那么痛苦和焦虑。我只是在家看看书，上上网，见见朋友，然后不可思议的事发生了：很久前一起上课的同学邀请我去他的城市讲课，研究生时的导师突然找我给他做一份市场营销书，读书时候认识的一个朋友突然跟我说驻扎北京了想做些公益问我有没有兴趣，陆续有人通过各种渠道找到我问心理咨询怎么收费，好朋友突然说有个政府单位需要每周两天的心理咨询，好机会不想流外人田……

于是我很忙，而且乐此不疲。好些我感兴趣的事突然就来了，不知道为什么，而且我不需要为任何人去做任何事。我只属于我自己，我只选择我最想干的那些事去做。

我依然没有确定未来会怎么样，但是我坚信按当下的状态走下去，我会走出自己的路。只是因为心安。

当我出去讲课的时候，很多人表达一种羡慕之情，对我的生活状态充满了向往：自由，做己所爱，不焦虑且陶醉。

当我问他们：为什么不也去做呢？我得到的答案是：

1. 不敢，年纪大了，考虑得太多。

2. 不知道自己要什么。

于是我想先说说人怎样才能找到并做自己真正想做的事。

其实人生来就知道自己想要的是什么，只是渐渐被有些不适当的教育灌输了那是"不正当"的事情，是不能当成主业的。例如，有的人对美食或饼干充满了兴趣，有的人对音乐或艺术充满了兴趣，有的人对收藏充满了兴趣，但是某些刻板的教育告诉他们，这些当成业余爱好娱乐下就好了，不要当成工作去做。

那种教育的理念就是，当成主业去做的时候，就会有生存压力。这份压力会把你的激情给扼杀掉。

这是人类对于安全感的匮乏。总想占据了金钱、地位、稳定才有安全感，总要有了一份名正言顺、大家眼里的正统的工作才有归属感。这时候无论你做的是不是内心真正想做的，你首先都会把工作定义为为了赚钱和谋生，而不是创造，依然觉得有所产出才有安全感。可是真正的兴趣是你会想着怎么把它做好，而不是怎么赚到钱。虽然说你做好了就能赚到钱，但是赚钱只是一种结果，它不该成为目的。所以，一份热爱的事业，必然是先满足自我价值感的，而不是满足安全感的。

这也是人们即使知道自己想要什么，也不敢贸然去开始做的原因：安全感。

马斯洛谈的需求层次理论就是如此。人的需要从低到高依次为生理需要、安全与归属感需要、尊重与爱需要、自我价值实现的需要。马斯洛认为，当人满足了前面的需要后，后面的需要才可能被满足。

这就很好地解释了，为什么很多人在事业有成后反而开始追问人生的意义。因为他们做了很多工作来满足爱、归属、尊重、安全感的需要，这些都实现了的时候才让自我价值的需要浮现出来。

如果你是在为满足这些安全感的需要而工作，可能 10 年，可能 20 年后，当你生活稳定的时候，你依然会去追问自我实现的问题；当金钱的刺激让你失去了兴趣，你依然会去问：我想做的到底是什么？

那么为什么不现在就去考虑这个问题？找到能够实现自我价值的东西，并且去为之奋斗？于是，我把马斯洛的需求理论倒过来做了一个假设：当人们为自我价值去奋斗的时候，他就可以做得很开心，很陶醉，也就做出了成就，满足了爱与尊重的需要，也满足了安全与归属的需要。那么你的一生，必然是容易成功的，且是走捷径的。

只是找到这个能让你实现自我价值的事情是件看起来困难的事，即找到了你最爱的事业。

我说的是看起来困难，因为实际上并不困难，困难的是你没有决定去找，是你不去找，而不是找不到。

我有一个大胆的经过实践的方法：辞职，或者停下来，什么都不做。你内心就会自动告诉你它想要什么，而不必你去寻找。内心真正想做的事情和钱是一样的，当你不去找的时候，它就会来找你。

停下来，你就有时间了。当你从焦虑中解放了自己，给了自己足够的时间、精力，不再被工作与生活拖着走，真正做回自己的主人，你不需要刻意做什么，当你有精力的时候，你自动就会找事做，然后放弃，然后再找事做。当你发现有件事你愿意为它付出很多精力并乐此不疲的时候，当你发现做某件事情有种怦然心动恋爱一样的感觉的时候，当你做一件事情发现其实你不那么计较结果和功利的时候，那么这个事就是你想做的了。

这个过程就是：不要再担心自己的生理需要问题，你即使一年什么都不做都不会饿死。然后放下对于安全感和归属感的焦虑，即使你什么都不做，不代表你就不能生存了。尊重与爱也是如此，什么都不做，不代表你就会被人看不起。

我发现很多人不敢辞职或不敢停下来的根本原因就是焦虑，怕自己不工作了受不了。受不了的原因大抵只有一个：不工作，会觉得自己没有用，会担心未来，会没有钱赚而焦虑。这就是安全感，他们使用了"糟糕至极"的非理性信念抽走了自己的安全感。

其实你没你想的那么糟，停下只不过是为了更好地开始。

不要说停下来后你肯定会无穷地看电视或睡觉，当你知道你的时间足够多的时候，当你放下对时间的焦虑感的时候，你会发现这些享乐都不是你想要的。也不要说你时间足够多的时候，你最理想的状态就是什么工作都不做，在家吃喝玩乐。人都有自我实现的潜能，向上是一个本能。当你满足了安全感和归属感的时候，你想不向上，想不去做自己想做的事，都很困难。

无数人证明了这一点。某年少姑娘嫁入豪门，吃喝不愁，但不能工作，会陷入无比恐慌中。某人工作了一辈子，看见天使说想去天堂，不想工作，于是天使带他去了一个地方，这里除了工作外什么都有。于是该人享尽了三天三夜的福：有人服侍，有人供吃，花不完的钱。但是三天后,该人说想做点事。天使说：没事可做。六天后,该人终于歇斯底里：如果没有事做，这和地狱有什么区别？天使答：你以为这里是天堂吗？这就是地狱。

上帝的意思是，一个人如果在足够的关于金钱和时间的安全感里不能工作，对他来说就是地狱。

人很难主动明白自己想做的事是什么，但是可以通过什么都不做来发现。据说，迪士尼乐园在修建的时候，众多工程师在争论从大门进入乐园的草坪上该如何铺路最合适，众说纷纭。一个获奖的设计师是这样来设计这条路的：不设路，全是草坪。这样游客不得不从草坪上走过，而路会渐渐被自己踩出来。在人们自己踩出路的地方铺上路，这必然就是最合适的路。

对于寻求真正想做的事也是如此。

现在你有了一个方法。如果你还是想问什么才是你真正想要的，我的建议就是：看看你现在不喜欢的工作是怎么满足了你的安全感和归属感的，为何让你觉得失去它的时候就失去了安全感与归属感。

这就是两座大山的问题。你从事一份工作像是爬上了一座山，这座山只能满足你安全、归属、尊重的需要，你被满足了就会迷茫：人到底想要什么？渴望满足下个层次的需要：自我实现。但是这座山的顶点就是如此，它难以实现你的自我价值。而远方，有另外一座山比这座更高。你如果要爬那座山，就意味着要从这个山上下来，退回到连安全感都没有满足的起点。

心理咨询的目的就是给你助力——怎么从另外的渠道里夯实安全感，而不是只从工作里得到，然后你就可以更轻松地找到自己的最爱。

当然，你也可以干一行爱一行。从你正在做的事情里点燃自己，只是我觉得这比爱一行干一行还难。

最后我想补充的是，当你沉浸于一件自己热爱的事业后，你会发现马斯洛所补充的超越自我就是：你和事情融为了一体，你就是事，事就是你。自我超越的需求是马斯洛需求层次理论的一个模棱两可的论点，是高级的自我实现。

这也是哲人说的"慢慢走，让灵魂跟上"吧！

不要说你一无所有，你不是还有病吗？

我常常把世界上的人分为两种，一种是知道自己有病的人，一种是不知道自己有病的人。

对于第一种，我敬佩至极。他们具有良好的自我认知和自我反思能力。他们敢于直面自己的不完美，敢于正视自己的问题，并且有改正的意识，想让自己变得更好。当问题出现的时候，他们能够意识到自己也是有责任的。即使不知道自己错在哪儿，他们也会有反思的意识：是不是我错了呢？我始终觉得，有问题不可怕，只要有自我意识，积极反思、积极改进，就会成为一个越来越完美的人。我把他们叫作"责任者"。

对于第二种人，我也敬佩至极。他们没有自我认识及自我反思能力。他们是真正完美的人，因为问题从来都不属于他们。如果在生活中他们出现了痛苦，通常是环境的错、时代的错。如果他们在和他人的关系中出现了问题，他们通常会认为是恋人、孩子、父母、朋友、同事等人错了，而他们自己是不会错的。所以，他们把世界上的人又分为了两种：认同我的人和不认同我的人。如果他们不开心或受到了伤害，就会埋怨别人，肯定是别人的错。我把这类人叫作"受害者"。

当然，鲜有人在这两个极端里。我们都在这两个值的区间里摇摆。

说到底这两者的区别就是：人是否能在问题里进行自我反思，认识到自己的责任并通过自己的努力来改变现状，实现自己想要的结果。

然而，这并不是一件容易的事。都说生活中所有的痛苦，都是自己的责任。都说"一个巴掌拍不响"，每个人都有错。道理我们知道了很多，但是事情一上来的时候，还是会认为是他人的错。于是，抱怨、愤怒、指责、委屈、烦躁、控制、看不惯，并不断地用这些情绪折磨自己，说出一些"他凭什么这么对我啊"之类的话，借此想要完成惩罚他人、实现自我的目的。始终不愿意去看到所有这些不爽的背后，都是自己的原因造成的。即，不愿承认其实自己也有病。

人的生活由三类关系构成：和内在自己的关系、和他人的关系及和环境的关系。这三类关系都是两者互动共同完成的，两者也都有责任。人们所有的痛苦都是基于这三者的关系不良产生的。

例如，和内在自我关系不良，就会把问题归因于不够努力的自己，产生抑郁、自责、自卑、悔恨、焦虑、迷茫、挫败、自我否定等情绪；和他人关系不良就会把问题归因于他人，产生指责、讨好、逃避、否定、生气等情绪；和环境关系不良就会将问题归因于环境，像出门遭拥堵是交通的错，天气太热是政府绿化的错，找不到工作是学校背景不好等。总之，我们不爽的时候，如果不能有效地进行自我反思为什么会这样，而是一味地沉迷于指责他人和自己，就难以改变现状。

我有一剂良药能根治此类痛苦，那就是：意识到自己有病，并积极找方子治病。即，通过反思和觉察，意识到自己的问题和责任，找到相应的改变策略，一改以往惯有的失败的模式，并积极行动，就可以改变结果。

我始终相信，人是可以改变现状的，并且让自我和结果都越来越好。关键在于他愿不愿意意识到自己的责任。

而意识到自己有病的时候，恰恰是在感觉到痛苦和不爽的时候最容易做到。**人们了解自己，探索自己，感受自己，通常也是在人们不爽的时候完成。**比如说感受到了负面的情绪和遇到了我们不喜欢的人与事。

心灵导师们常说"一切都是最好的安排""那些不喜欢的人是来给你做功课的"之类的话。其实，这些话是想告诉我们，所有让我们痛苦的人和事都是有积极意义的，它们的出现是为了让我们更好地了解自己，反观自己，改变自己，即更好地帮助我们认识到自己有病。

那些负面情绪是来帮助我们的，负面情绪是提醒我们去看看内在有什么东西卡住了，然后我们可以把卡住的东西拿掉，让自己的内心更畅通、更强大。

那些我们不喜欢的人是来给我们做功课的。他人是我们的一面镜子，会提醒我们去看看自己怎样运用了移情、投射等机制，怎么把最初的依恋关系转移到他人身上。他人会成为我们有效的镜子，反射出自己的问题，让我们从他人身上看到自己并改进，让自己变得更宽容、和蔼、亲和力强。

环境也是。我们怎么对待周边的教育、社会、大环境，就是在怎样对待自己。

失败与挫败也是来帮助我们的。失败不是让我们折磨自己的，而是让我们更好地停止并反思人生之路，避免盲目和冒进而犯更大的错。

所有让我们不爽的失败、他人和事物都是在提醒我们自身的行为模式和思考习惯出了点问题，需要我们跳出来看看，反观自我，并且从积极的一面去改正。这个世界原本就是变化的，变才能更好。人类更是如此，人们只有不停地改变自我，才能更完美，而这些都建立在一个前提上：你要先知道自己有问题，然后才能改正。

当然你也可以陷入另一个极端：不知道自己有病。不知道自己有病分为两种症状：一种是"我没问题，我是对的，是他的问题"，一种是"我知道我有问题，但是他也有问题啊"。这两种情况都是基于对方的问题为主，期待对方改变。他们的主张是"你改变了，我就好受了"。

这感觉就像你照了面镜子，然后觉得镜子把你照得太丑了。于是，你嫌弃镜子有问题，然后又换面镜子，再换面镜子。当然，镜子可能本身也有问题，但都不如你把自己弄得好看一点来得实在，这样至少你不用太挑剔镜子，能照出你美丽的适合你的镜子也很多。

拼命地指出他人的问题，不过是想证明自己是好的、对的，不过是想获得一点价值感的认可，证明自己是有用的、好的。你变得好了，就可以满足我了，我就不用改变了。但是，一旦别人改变来适应你，也就意味着你把自己困住了，因为你要依赖于这个人才能满足你，而其他人你就很难相处了。

所以，让自己自由、幸福、快乐的方式，就是意识到自己有病。这包括：

拿回自己的责任，懂得所有的问题都有自己负责的部分，改变自己能做的这部分，就会影响结果的改变。

看到自己的选择，面对一件事情，你至少有三种选择。如果你觉得只有一种方案，那也是你的问题，因为你没有站到更高的角度来看，用思维定式把自己框住了。

感激所呈现的资源。所有的痛苦、问题、你认为有问题的人都是来帮助你成长的，感激他们。

欣赏自己。自己还能看到问题，并且能为改变问题做些什么。仅仅为自己能做的改变的部分，欣赏自己。

最后，我想说，当你意识到自己有问题，觉得自己不好的时候，不要觉得自己一无所有。起码你还知道自己有病，有病就能治，治了就能好，好了就能幸福。因此有病等于幸福。

当你意识不到自己有问题的时候，那可能真的是"绝症"了。完美是不存在的，单方面的错误也是不存在的，你连问题都意识不到的时候，那真的是一无所有。因为连改变的意识都没有，机会也就更没有了。

还有就是放过自己。绝对的心理健康和绝对的身体健康一样，是个泡沫。我们都有病，但是有病不是让我们自责和自卑的，而是让我们活得更好、更幸福的。

知道自己有病，就可以把自己弄得更幸福快乐。

古人常说：小人无错，君子常过。小人是从来不觉得自己有问题的，问题都是他人的。君子经常反思自己哪儿做得不好，于是就有了：行有不得，反求诸己。得不到的时候，要反思自己。

古人都知道做君子就要常常反思自己的问题，认识到自己有病。何况我们呢？

病，是个褒义词！因此我们可以说：至少我还知道我有病，但你知道吗？或者：我有病，我骄傲，你有吗？

真实比优秀
更容易优秀

————

我常常羡慕那些优秀的人，他们是怎么可以把事情做得那么成功，怎么能够那么细致、努力。我很害怕那句"不怕别人比你优秀，就怕比你优秀的人比你更努力"。

但是后来，优秀的人都陆续来找我做咨询，我觉得我的价值观开始被分裂。优秀的人一面陶醉于所做出的成就和所取得的地位，很有价值感，一方面又很痛苦，为了保持这份优秀，他们经常失眠、焦虑、挫败，继而否定自我。

后来，我总结了一下他们的生活和思考特征，觉得很惊讶。他们对于自己的控制欲非常强，因此失控的时候就难以接受。比如，他们想做一件事情，做不成就会焦虑，逼自己继续做。比如，他们不允许自己失误，尤其是不能犯低级错误。比如说，他们会强迫自己睡眠，睡不着的时候就更加焦虑。在我看来，对睡眠的控制也是一种控制，人怎么能每次躺下就睡着呢？怎么会有人要求自己从来不失眠？对睡眠控制失败了也要挫败焦虑——继而更失眠。

心理学会教人们：放松下来，就会睡着。也就是说放下对睡眠的焦虑，放下睡着的想法，自然就睡着了。这也就意味着，放下对睡眠的控制和目标。然而这无疑是困难的，对于那些努力想优秀的人，放下对目标的控制是难以接受的。

于是，我发现优秀的人背后其实过得并不好，以前只是知道优秀的人压力大。现在知道了怎么个大，就是神经敏感、脆弱、超负荷，对失败的接受度低，对生活失控的容忍度低。

然后我会跟这些案主讨论这样两个问题：

你为什么想努力做得这么好？

假如你生活中所有的优秀都失去了，所有能力都失去了，你用什么证明自己是值得被别人看到的呢？

然后，我发现这两个问题不同的案主答案惊人地雷同：想努力做得很好，因为这样才能被人看到，这样才觉得活得有价值。他们陶醉于那种被人羡慕、喜欢和崇拜的世界，他们觉得这样很好，觉得自己很有成就感。所以，他们得出了一个结论：优秀是一种瘾。因为如果不优秀了，他们不知道怎么证明自己的存在。

这种优秀的背后还有一种恐惧。这种恐惧就是害怕自己不优秀了，害怕自己没把事情做好，别人就会看不起自己，再背后就是一种很深的被遗弃感：如果不努力做好，自己就会被抛弃。

然后就有了第二个问题。这种被遗弃的经验可能来自于童年的经验，只有做得好才能得到表扬，才能得到妈妈的爱，才能获得亲密。然而不管来自什么，对于当下来说，这种经验显然是不合时宜的。并不是只有优秀才能获得他人的认可，并不是只有努力做好才能被别人看到。只有找到除了优秀之外还可以感受到自己价值的那样东西，那么你才能既骄傲又轻松地生活。

因为你根本不需要强迫自己优秀，就能过得很好。

这个东西叫作真实。真实就是失败的是你，优秀的也是你。做好的是你，做不好的也是你。无论哪个你，都是被喜欢的，他人对你的真实喜欢通常跟你做了什么无关，而是你的存在，本身就是值得被喜欢的。那些喜欢你优秀的人，也不是真正喜欢你，而是喜欢你的那些特质。夸大化说，他们喜欢你的衣服，然后你假装自己穿上了这身衣服，以为他们喜欢的就是你的本质了。

即使你什么都不做，什么都做不好，你依然是被看到的，依然是值得被喜欢的，那是因为你作为人的存在，本身就值得。那是你真实的自己。

相反，当你极度想控制你的生活，极度想用优秀来证明自己的时候，你恰恰背道而驰了。因为你会不愿意承认和接纳自己不好的一部分，你会排斥和压抑自己不努力、堕落、犯错误的一部分，然后你就只能在自己面前呈现出不完整的一部分，也会在人前呈现出不完整的一部分。你跟人之间有了界限，别人会触摸不到你的全部，只能看到你的所谓优秀，于是，只能羡慕和欣赏你的优秀，而触摸不到你的心。

你会发现走进优秀的人的心里的，必然不是欣赏他的优秀的人，而是知道他的痛的人。因为这个人能触摸到优秀的人的真实被压抑的一部分。所以，人们才喜欢说："真正的朋友不是关心你飞得高不高，而是关心你飞得累不累。"累不累，就是人们为了排除掉不好的那部分而付出的代价。

于是，你努力优秀，不过是获得了赞美，却失掉了和他人的连接。而你最初想优秀的目的，不过是想和他人获得更多的连接。

真实比优秀更可爱，更招人喜欢，更能与人亲近。

因为真实不需要给人压力，只须尽情展示自己。而优秀需要牺牲别人的高度来认可你，那么别人要么也想获得认可而努力优秀来打击你、嫉妒你，要么就只欣赏你而触摸不到你。真实却不会，真实的人敢于给别人呈现自己好的一面，也敢于给别人呈现不好的一面。真实的人敢于接纳自己的好，更敢于接纳自己的不好。真实的人跟自己在一起，也跟别人在一起。真实的人让人觉得他可以很优秀，但也有缺点。真实的人不会害怕别人因为他有缺点而离开他。

因为真实的人敢于面对得与失、成与败，他只想做真实的自己，不控制，不刻意。

那么他就是一个坦然的人，是一个不计较成败的人。他也就能更从容地成功。

所以我发现，其实真正优秀的人生活是很轻松的，只有那些努力很优秀的人活得很累。因为真正优秀的人不是通过控制而优秀的，而是因为他们端正了心态、选对了方法。努力通过控制自己而实现优秀的人也可以显得很优秀，但是却容易憔悴而难以持续。

如果你也在努力变得优秀，我会建议你放下对优秀的渴求和焦虑，先做回自己。一个人学会怎么面对失败，才能学会接受成功。怎么学会坦然失控，才能完成控制。无论是对自己还是他人，当你停下来，慢下来，真起来，你才发现，其实优秀不过是一个结果，没有你想的那么重要。

因为真实的你、接地气的你、有缺点和失败的你，才是最可爱，才是最值得被人爱的人。

我允许自己失利，正如允许自己成功一样

想把该做的事情做好，这是人之常情。当事情做成的时候，我们会有很大的喜悦和快感。但是当事情没有做成的时候如何应对，却正悄悄显示着人们之间的差异。

我见过很多对自己要求很高的人，想把做的每一件事都做好，接受不了自己差劲，接受不了失败，接受不了居然连很简单的事情都做不好，连基本的目标都实现不了，连所有人都会的事情他都不会。更要命的是，一件事没做好，一件又没做好；一件事还没有做，又有一堆事来了。压力就会接踵而至，令人烦躁不安，很想逃，很想扔了什么都不管了，什么都不做了，很想找个地方躲起来，老老实实待着，可是又无处可逃。有时候制订了一个计划，没有实现，于是无助；有时候目标没有达到，骂自己，于是充满挫败感；有时候

只是犯了一个单纯的错误，更加挫败。整个人的身体都会弥漫着三个字：挫败感。

情绪就这么被堆积着，一触即发。似乎每个人都会有那么一段时间，总觉得自己什么都做不好，糟糕极了。这时候不想照顾到任何人，因为自己就是那么匮乏。最好也不要有任何人来打扰，不然，只会伤害到你。于是用强大的理性来把挫败感压抑住，于是无比烦躁，觉得还得照顾他人的感受，更加挫败。

挫败感是对自己的愤怒。那一刻很恨自己为什么这么无能，为什么诸事不顺。又有很多委屈，好想有人或者上帝可以帮自己做好，让诸事顺利，心想事成。

只是，心想事成只是一个美好的愿望。

太多人喜欢争强好胜，认为既然做了，就要把事情做好。看不得别人比自己做得好，虽然不一定会嫉妒，但常常暗暗较劲：超过他。其实终究是看不得自己做得不好。

想把事情做好，想把关系维系好，想成就一个优秀的自己，这是人类的一个本能。希望是人类最美好的事物之一，充满了希望就充满了动力。但是希望却不该成为压力，让自己窒息。

这唯一的区别就是，我是否允许自己做不好，正如我允许自己想做好一样。

我有向上的动力，我渴望做好，我渴望优秀，我渴望顺利完成任务，渴望维系好关系，渴望证明自己，渴望在做事的时候可以顺利。这都无可厚非。我给自己制订计划，设定目标，让自己可以更好地利用规划的路线来完成。

但是期待的出现、计划的制订，是人类为了更好地为自己服务而产生的，并不是为了成为天条来压迫自己，并不是制订了计划就决不允许修改，并不是设立了目标就决不允许失败，并不是做了事情就必须做好，更不是没有做好就代表自己不好。

挫败感是以某种规条在约束自己：我是不能犯错的，我是不能做不好的。如果我们再加上"绝对"两个字，就会觉得更有趣：我绝对不允许计划有差错，我绝对不允许事情做不好，我绝对不允许自己比别人差。当我这么绝对化的时候，你会觉得我在折磨自己吗？

挫败就是，我没有做好，甚至没有优秀，我就不放过我自己。我就拿内在愤怒和烦躁来折磨我自己。因为我的情绪在说：你不该犯错，你不该做不好。

古人说，"人非圣贤，孰能无过"，即使任务再简单，也存在犯错的概率。就像双色球那么难买，总有人中奖上亿元。飞天火箭那么缜密，也会出现升空爆炸而几十亿元投入毁于一旦。无论你多用心，多努力，你都无法避免错误以一定的概率发生。那么，如果犯错和做不好是人之常情和神之常情，为什么我们不允许它发生在这一次呢？

为什么不去接纳？接纳我这次没有做好。我不是神，不可能所有时候把所有事情都做好。接纳我这次失败，因为我不可能所有时间都不失败。接纳我这次不够优秀，因为我不可能在所有方面比他们都优秀。

也臣服。臣服于宇宙起起伏伏的规律。我有这次没做好，就会有一次做得很好。我有这次挫败，就会有一次骄傲。人类最愚蠢的想法，难道不是如此吗？我做好的时候不表扬自己，我做得不好的时候就责骂自己。

也爱自己。爱自己就是放过自己，不去跟自己较真。我们把不允许自己犯错的心叫作：完美主义。完美主义是人类用来折磨自己的强大武器。

我对自己有个美好的期待，我制订计划与目标，我努力去实现它，同时我也允许自己失败。那是一件很正常的事情，再简单的事情也有失败的概率。如果设定目标，如果做一件事情，只允许顺利一个结果，岂不很悲哀吗？你有问过事情的感受吗？当它被强迫了只有一个出路。

当我允许自己失败的时候，并不意味着我放弃了成功。我会努力去成功，但不会要求自己一定成功。也不意味着我将放纵和纵容自己，我只是不想再为已经发生的事情而感到自责和愧疚，我会整理好自己的思绪，以便在下次让错误发生的概率降低。同时，我也不会再强迫事情只能成功，不能失败，我会努力，但不再强求结果。

中国人喜欢说：谋事在人，成事在天。我怎么做了，是我的事情。成不成，是天的事情。如果我要越界替天做决定，那我活该折磨自己。

当你再次体验到挫败感的时候，你可以做一个决定，放过你自己。你可以这样告诉自己：我允许我这次没有做好，无论环境多么不允许，我都有局限的存在，我可以下次更努力地做好，但这次我允许自己就是没有做好。

允许自己失利，正如允许自己成功一样。

敢于失败的人，才敢于成功。因为他知道结果有千万种可能性并且都能够承担，他就不怕开始做。因此知道了怎么应对失败，就知道怎么开始做。如果你连失败都不怕了，最坏的结果都能承受，还有什么会阻碍你去做的脚步呢？

安之若素，处之泰然。君子不忧不惧。这不是很美的境界，很豁达的人生吗？

爱情和工作，经常给我双重的打击。我常常感到很绝望，无助从四周的空气里袭来，让我窒息，无力应对。最害怕这种无助感。我歪歪地在纸上写着：这几年相信什么，就被什么所伤，无论梦想还是爱情。曾经那么坚持的东西，最后都一无所有。只剩下空空的房间，物品和心情都凌乱着。骤然失去了人生的意义。

甚至想到死亡。

朋友突然跟我说起，好惆怅，继而绝望。我问怎么了。他说，感觉自己一无是处，一事无成。我知道他的优秀，我诧异他的感受。相拥而泣，抱头痛哭。不是为同情他，而是为发现无助原来这么正常。

想起了林丹，林丹在面对巨大压力的时候，几度说出那样的话，很想放弃羽球事业，回到大学里好好念书，做个平凡的学生，老老实实过日子。我也这样，这些天的恍惚，几度想逃，想就这样放弃，想回到老家，想找个陌生的地方安静地生活，想回到爸妈身边，然后找个简单的人结婚，找个简单的工作，安稳一辈子。我想林丹之所以成为了超级丹，不是林丹幸运，他和我们一样在压力下体验着无助，不同的是，林丹没有逃。

又忙碌了一天，还是很无助，这段时间接连的挫败，梦一样一闪而过，然后滑落到低谷。我抱着自己哭了一晚上，然后做了一个决定：无论多无助，多孤独，多痛苦，我都要留下来面对，不再逃跑。

我决定穿越无助。

后来就变得轻松起来，还是很难受，吃不下，睡不着，精神恍惚，但是却不再痛不欲生，我开始相信我可以穿越无助。我开始感受无助的意义，经历着一个不同寻常的心理旅程。

接纳无助。无助感再次袭来，又一次企图将我打败，我微笑地看着它，然后说了声谢谢。我很痛，但我已不再害怕。我允许自己流泪，因为真的痛，但是流泪不代表我被打败、我要逃。我就在这里看着它，我想看看它到底能把我怎样。我不再抗拒，我接纳，接纳我现在就是很无助，同时也不需要为无助而否定自己。我就在这，无助也在这儿，我看着它，它和我在一起，但它已经不能再掌控我，我的无助不是我，所以我不会听它的话，让我逃我就逃。

无助继续肆虐，蹂躏着我的心脏，踩着我的脑袋，压迫着我的身体，让我想发狂。像海面上起了狂风，撕卷着海浪向我扑来，乌云密布，狂啸至极，企图让我害怕，让我离开。我还是看着它，像看着一个很生气的小孩一样。我就在这里，我知道我是安全的，我只是看着它什么都不必做。

不知道过了多久，狂风开始变小，乌云开始散去，海面趋于平静，虽然还是有风，但已不再那么暴虐。无助开始淡去，窗外，天很蓝，有汽车的声音和行人匆匆。屋里，钟表嘀嘀嗒嗒，桌子还是那个桌子，台灯还是那个台灯。一切那么真实，什么都没发生，我还活着。

我又看了看我的无助，它还在那里，像一个玩累了的小孩，偶尔翻翻身，踢一下我的心脏，但是已经没有那么疼。我告诉它，抱抱，我爱你。我抱起了它，抱起了我的无助。它就是一个淘气的孩子，虽然有时候很折磨人，玩累了就休息。像抱着我那失去的爱情和梦想一样。他们都在，只是累了。

我在心里抱起了它，抱起了我的无助。眼泪再一次亲吻脸颊，这一次不是痛，而是心疼和感动。心疼自己，何必因为自己爱的一个孩子折磨自己、放弃自己？也为自己感动，无助来的时候没有逃，就是看着它变大又缩小，像来时的海浪让人害怕，也终究会慢慢退去。

当无助感开始变小的时候，我想去看看刚才自己一直在沙发上没有动，却经历了怎样一个心理过程。

原来接纳无助，并不是多么晦涩的字眼。常常说起接纳，接纳感受，接纳就是看着它，而不必认同它。**接纳就是与它同在，而不必排斥它。接纳就是承认它是我的一部分，而不是全部。接纳就是了解无常，感受会升起，灭去，再升起，再灭去。把感受还给感受，感受并不是你自己。**

感受属于你而不是你。无助的时候之所以那么悲痛，原来只是认同了它，把它当成了自己的全部。我存在这个世界上，快乐过，悲伤过，疯狂过，寂寞过，自我始终都没有改变，自我只是感受的一个载体。感受交替更换，自我未曾改变。生活除了当下环境事件的刺激产生了无助的感受外，还有很多，远方有妈妈的担心，城市有朋友的关注，门外可以买到鸡蛋灌饼，开窗可以吹到秋日凉爽的风，无助并不是世界的全部。视野渐行渐宽，才发现无助不过是生命中的一部分，是我的一部分却并非我的全部。所以，我无须为它否定自己，否定全部，逃离现在的环境。

然后就可以思考无助对我的意义。

值得肯定的是，无论成功的人还是失败的人，无论开朗的人还是忧郁的人，他们都有着无助。成功和开朗的人不是没有无助，而是采用了不同的方式解读和面对无助。无助感是人类发展出来的伟大情感、智慧之一，懂的人，无助带你走向天堂；不懂的人，无助则将你打入地狱。

不逃避，留下来就是一种成长。

没有无助感的人生是可悲的，像温室里的花朵，像不知道风雨的小树，没有体验过或穿越过无助，一次小的挫败可能就会将人生击垮。古人的智慧早就告诉我们，天将降大任于斯人，必先苦其心志，劳其筋骨。无助也是如此，只有通过一次次的无助体验，才能增加心理承受能力，去面对世界的风风雨雨，去享受波澜壮阔的人生。安逸的人生，没有波澜，没有多变，一生到头，回首空空，才是最大的无助。经历一次无助感，人生就拓宽一点。

随着穿越无助的能力的增加，你会发现，原来经历的事情都不叫事情。当无助感袭来的时候一切那么可怕，可是当感受过去的时候会发现不过如此。当让我们感到无助的事情过去后，回首发现也不过如此，并没有我们想的那么可怕。可怕的是放大。当无助感袭来的时候，我们容易被感受所控制，然后放大，无限放大，甚至将自己淹没，取代自己，否定自己。

综观大自然，这基本就是万物发展的规律。雄鹰要经历痛苦的蜕变才能成为雄鹰，彩虹要经历风雨才能成为彩虹。有高就会有低，有得就会有失，有乐就会有痛。到底哪个好，谁也说不好。

当明白这些的时候，再度看无助，不过是人生的一个小插曲。风雨会过去，阳光会来临。痛苦会过去，快乐会来临。人生就是一个情绪不断起伏的过程，过去了，你就是赢家；过不去，你就是输家。可是貌似只要你活着，就没什么过不去。综观人的一生，大小经历过多少挫败，有过多少受伤，可是自己依然活着，而且活得完整。这就是生命的顽强和奇迹。有那么多的无助曾经穿越，这次不过是人生长河中的一小个而已。总会过去，然后再来，然后成长。

即使一无所有，人生又能怎样？在生来的时候就一无所有，最差也不过是回到起点，又有什么挫折、有什么失去不能够面对？既然总要经历，不如现在就经历，好让我有更强的素质、更多的时间去面对更精彩的人生。

于是，我只想带着我的无助，轻装上阵，准时出发。**我不再企图排斥它或者为它做些什么。它在那里就让它在好了。无助的时候，我依然可以吃饭，可以睡觉，可以活着。即使质量降低，我依然活着。**

也依然要感谢无助。没有无助就没有穿越，没有穿越就没有成长。

人们说每件事情的发生都是有意义的，一切的存在都是最好的安排。那就接纳，找出意义，然后穿越。

在迷茫的
弯路里也有风景

————

1

很多人说起自己的迷茫，都会不知所措。以前我以为迷茫是年轻人的专利，大家都在嚷嚷着谁的青春不迷茫来相互安慰。后来我渐渐发现，迷茫无处不在，无时不在，相伴一生，渗透到生活的各个领域。

一个在外企工作了 10 年的男人说起了他的迷茫，我很诧异。在他人眼里，他是优异且明晰的。他毕业后就找到了一份稳定、体面且收入高的工作，他一做 10 年并小有所成。毕业后的那几年在很多人还在纠结要找什么工作、在频繁跳槽的时候，他已经是个小主管。但是现在他却说他一直很迷茫，以前可以忍受，现在已经迷茫到了忍无可忍却无法突破的状态。

他不知道该不该辞职，不知道该如何去应对工作。毕业后的 10

年他就一直在这个单位里，成为了一颗螺丝钉，并在这个钉眼里钻得很深，耗尽了他一生的能量。他有所成，但不快乐。他越来越感觉到人应该做份自己真正想做的事，人应该找份可以让自己开心的工作。他说如果再这么继续下去，他会感觉到窒息的恐惧。他想过离开，可是人生开始迈向40，走了还会做什么，还能做什么呢？从而立之年到不惑，只有更多困惑。

当所有人都认为他选了一条直路、一条迈向成功的康庄大道的时候，他却说他走了10年的弯路，进入了死胡同。他宁愿刚出校门的时候多摸索几年，至少见识过，选择过，也就不会有这10年的弯路。

一个结婚三年的女人，带着天真无邪的孩子，也会说起她的迷茫。她不知道这段婚姻是对是错，不知道该如何是好。她说两个人就是平行线，他对她很好，给她钱花，很多事都让着她，但是感觉全错了。他疲于工作，疏于家庭。她喜欢文艺，他热爱工程，他们连争论都没有，无法有共同兴趣。她说她对于婚姻的唯一期待就是"有个懂我的人"，可是现在只有一个"给我钱花的人"，她说钱她也会自己赚。她不知道怎么应对这段婚姻，她说身边的小情侣们多么安于贫穷但志同道合，她很羡慕，她说她跟单位某个小五岁的小伙多聊得来，她很快乐。她又感觉到很绝望：一方面恨自己不该在对婚姻无知的时候仓促结婚，一方面更恨自己身在围城中还心猿意马不够忠诚，居然对别的男人产生了感觉。她不知道现在该怎么办？

在别人眼里，她是幸福的。那个男的非常优秀，对她也好。所有人都羡慕她找到了这样一个如意郎君，赞叹上帝太宠她。她也曾经觉得幸运，少走了很多弯路，遇到的第一个伴侣就可以直接结婚。但是多年后却发现当初全错了，为什么不多谈几场恋爱，至少先弄明白什么是爱情。

　　我发现其实那些看起来幸福、成功和坚定的人，他们的迷茫一点都不比我们少，痛苦也是。我也曾经如此痛苦。在我刚毕业那会儿，不知道该去做什么工作，不知道该去哪个城市，不知道想要什么样的未来，不知道该怎么度过这一生。后来尝试了很多工作后，我发现依然放不下心理学。于是绕了一大圈后，我背起包漂到了北京，企图找到一个答案。但是走上自己的路，日子也不怎么好过。一方面，漫天的压力从四面袭来，让我再次迷茫，我怀疑自己到底适不适合做这些，能不能待在这里，无数次怀疑自己想要什么。另一方面，当我坚持要做心理学的时候，我又陷入了以什么形式、做哪个方向、从哪儿开始的迷茫。

　　迷茫就像空气一样，一度在这个城市上空弥漫着。无数次想把它撕碎，却无数次失败。很多年过去了，我在迷茫中无数次尝试，选择，走出了一条自己的路，人生也渐渐明晰起来。但是我依然会迷茫，不同的是，我不再排斥迷茫，而是已经开始学着和迷茫做朋友，让它来帮助我。这个朋友很可爱，我发现它长得这般模样：

　　无论你怎样迷茫，日子还得正常过。

　　只要你去尝试，去行动，时间比你的大脑更知道答案。

　　其实无所谓好坏。你永远都无法退回去比较哪个选择好，但你可以告诉自己当下的选择就是最好的。

　　迷茫是一生的状态，与年龄无关。可以接纳迷茫，带着迷茫前进。

　　迷茫就像难过一样，是再普通不过的情绪了。这个情绪的存在，是为了让你更好地认识自己，避免盲目。

　　2

　　然后再说人为什么会迷茫。

迷茫在说：我想改变。迷茫只是对现状的不满意，想寻求改变和突破。当你得意的时候就不会感觉到迷茫。只是让自己变得更好的这条路过于艰辛：知道了现状不是想要的，却不知道什么是想要的。知道了什么是想要的，又不知道该不该跟随自己的内心去做，明确了后又不知道该从哪里开始。但起码我们可以去感谢迷茫，至少它在告诉我，我还想更好。

这就说到了什么样的选择是更好的。人终究只能知道过去，不知道未来，除非到事情发生的那一刻，你永远不知道结果是什么。于是人就会充满了不安，不知道当下的选择是好是坏，于是我们就选择了在迷茫中徘徊。

迷茫又说：我想知道这么做明天会有什么结果，并且确定这个结果在众多选择中是最好的。可是上帝都做不到。为了实现这个比较，人们就发明了神奇的武器来做上帝做不到的事情：规条。人们用固有的思维模式来预测未来。

比如对我而言，我以前认为稳定的、专一的、现在就确定的、从头坚持到尾的，这才是好的。而频繁换工作及方向、迟疑不肯迈出脚步、不能确定要走的路，这些就是坏的。我假设了前一种有个好结果，那么我按照这种规条的指导就不会错。而另外一种人则用另外一种规条来要求自己：多尝试、多见识、敢于比较、敢于放弃、忠于内心就是好的，而死板、恪守、明知不适合还坚持、明知错了还固执就是坏的。他们会用另外一种规条来生活，以得到一个好的结果。

结果却是：当初的规条驱使我们做了一个选择，结果却并不是那么尽如人意。于是我觉得这两种人应该打一架，把对方掐死：你嘚瑟什么，这么不珍惜自己的所有。

只是到底哪种选择才是好的呢？似乎找到了这个好的答案，就能打败迷茫。

就像那个让我们乐了无数次的鸡汤故事：当你挖井，到底是在一个地方挖能挖到水呢，还是挖不到就赶紧换个地方？直到你挖到水，否则你永远都不能判断水到底是在更深处还是在别处。即使你挖到了，也不能确定你目前的选择是否就比那个没选的更方便。

我们不能去评判到底哪种生活观是好的，哪种是坏的。优秀的射手可以把箭直射靶心，是一种勇士，他付出了你难以想象的艰辛；平凡的射手射出很多箭，总有一个到靶心，也是一种勇士，他敢于去经历尝试后再选择最好。还有一种智慧的射手，他在箭射出后，到箭插入的地方画一个圆。他们都完成了最终的快乐，到了终点。我们都在羡慕第一种，那是比尔·盖茨生来就是为代码而活的优秀，那是执着于目标的努力。我们多数人都挣扎在第二种，做很多努力达到公认的正确，满足自己的规条所设定的对的框架。但我们却忘记了可以做第三种：除了调整目前的生活状态外，你还可以调整自己的观点，接纳自己现在的生活，并找到理由支持自己的生活，发现生活中的美。这就是：一切都是最好的安排。

世上本来就没有绝对的对错好坏，只是不同的人生道路。

3

迷茫使我们放下对自己过高的期待。我发现迷茫的背后还有一个对自己特别高的期待：当我选择，我期待选出一生要坚持的路；当我恋爱，我期待能确定这是一生要陪伴的人。这是"恋爱就要结婚"的谬论，是过高的期待。我很想这样，但是我也知道这不可能绝对做到。所以，当我不断否定自己的选择，不断徘徊于选择的时候，我会这么难过，因为我没有实现我"选择就要终生"的期待。

想起了我曾经的一个朋友。她结婚，我没去。这是个曾经无数次向我呐喊迷茫和痛苦的姑娘：在大城市里挣扎，工作不定，感情不定，都频繁更换，人生陷入了低谷。那时候我很惭愧，不知道该怎么帮她。后来，她折腾够了，路渐渐清晰了，她说到了谷底才明白自己最想要的是什么。她回到了老家，当了中学教师，跟曾经的初恋结了婚。她结婚的时候我没敢去，我怕，我怕我看着她终于在无数迷茫后走出了一条路。我怕听她当面说出这些在QQ里说出的话：我结婚了，我们今年刚贷款买了房，准备明年再买个车，后年生个娃……

她从老家出来，又回到老家。跟初恋分手，几经轮换恋人，又跟初恋结婚。我不知道她走的这些路是弯路还是直路，是不是绕了一圈回去了，浪费了几年，比同村的姑娘落后了很多。但是，她一定比那些一毕业就结婚生子的同学要更懂得珍惜，更不会迷茫。因为她有资本说：我见过外面，所以不再向往。我意识到迷茫教会了她很多。

4

迷茫也教会了我太多。因此你很难说是弯路的风景美，还是直路的风景美。都说少走了弯路，就错过了风景。你甚至不能说弯路就比直路晚到达目的地。你怎么知道你选择的直路就不是弯路呢？你又怎么知道现在的弯路其实是更近的路呢？

因为迷茫，所以更坚定。这或许就是所谓的势能，迷茫得越久，沉淀得就越多，当真正选择来的时候，你就会更坚定。你要做的只是：

接受当下所面临的任何生活，如果你不喜欢，你可以放弃，这都很好。不必过着一种生活，然后又向往另外一种。

接纳生活以它的方式呈现给你的景色。弯路带来的不仅有风景，更可能它就是被忽视的近路。

何况，你还可能在路上收获另外的风景。

有
一
种
拖
延
叫
——
再
等
等
吧

作为一名资深拖延症患者，我曾经深受其苦。

有时候我觉得是成功学留给我的毒害，那时候让我变成了一个励志型的青年，让我学会了"要成功，就得比别人付出四倍的努力"和"要成功，就要学会给自己制订梦想和计划"云云，于是我成功地把这两个东西变成了拖延：努力和梦想。

例如某个瞬间，我突然觉得人生如此黯淡无光，着实不该。我要做的事太多，要锻炼身体，要多读书，要学英语，要多社交，要学会旅游，要好好工作等。然后我很兴奋地给自己在心里默默地列了一堆该做的事，决定从明天开始去做，并制订了诸如此类的计划：每天早上7点准时去跑步等。然后第二天一睁眼发现已经快8点了，然后挣扎着要不要起床，摸起手机刷几轮朋友圈、微信、QQ等，再挣扎几下就9点多了,望着窗外的太阳做了个深呼吸:明天再开始吧!

工作中也是,以前领导交代一个任务的时候,我会想等等再弄,直到马上就要到截止日期了,才硬着头皮去做。要写报告的时候也是等等再写。即使闲散中想写一篇文章,也会以"还没准备好"为由不开始,写了一半觉得不好又删了重写,直到2个小时过去了还是只写了个开头,然后就不写了或者下次再写。

无数次决定了要开始,无数次又说再等等。有次我问自己,这个等到底是要等到什么时候,才发现自己的心在说:等等,我再准备下,我还没有绝对的把握做好,我还没有充分的思路,我还没有想好该怎么做。不仅是怕领导和客户不满意,更怕做出来都过不了自己这一关。

接着就告诉自己:怪不得拖延。

拖延想保护我,它说了两句话:

我想做得很多,想在最短的时间内都做到。每个小分节都很重要,我不知道从哪儿开始。

我对自己要求很高,即使你们和我都认为这件事其实不必做到那么好,但我还是想努力做好。

这两句话其实就是一个道理:我对自己要求太多,而且不能接受自己做不到,于是拖延。

我发现写一个微博的拖延程度要远远小于写一篇长报告,实行一个今天骑车去香山玩的计划的拖延程度要远远小于每天骑车绕森林公园一小时的锻炼计划,更新网站一个页面的拖延程度要远不及找设计师讨论新网站的架构和设计。这不仅是任务大小的问题,更是任务难度的问题。对于架构大的、程度复杂的、难度较高、惩罚较大的任务,我们普遍拖延,反之则容易开始做。

然而现实生活中,我们并没有那么多值得我们拖延的任务,很多任务都是我们自己把它给变大、变复杂、变难度高、变惩罚大的，我们拖延了自己。

印象深刻的是上学那会儿，作为励志青年，我一定要在同学们都约会或出去玩的晚上悄悄跑到自习室学习，我给了自己一个暗示：我要学习。然而到了自习室的时候，我决定开始看书，问题就来了：我是先看什么呢？先从哪章开始看呢？结果就成了把这本书翻几页，接着又换一本翻几页。这个习惯到现在也会这样，在工作中，先做哪个工作呢？做了 A 一会儿，觉得还是先做 B 吧，结果是都开了个小头，但都留下了大尾巴。

任务的难度有时候是不可控的。我们之所以这么切换任务，大部分原因是这个任务的难度较大，耗费我们时间，让我们想做点简单的。这就像看小说的时候就很难切换到论文里，但是论文就很容易切换到看小说的任务里。除了难度外，我还想：把这几件事都做好，现在就想做好。我什么都想学，都想做，这一刻我想都会、都做好了。这会儿我自己把这个任务变得更大了起来。

并且，我不能接纳自己草草完事，我要求质量也不能降低，不能出来我自己不满意的结果。于是，我对结果质量的要求变成了增加任务的难度。对于任务的数量也是如此，我还要求自己照顾到相关的细节。

接下来的拖延就更顺理成章了：我没有把握在这个时间段内能够高质量、大难度、数量大地完成任务，那我就不能开始做。我要等到我准备得足够好，有信心，能做到正确与完美，不会出差错的时候，我就欣然做之。当我评估我还没有绝对的把握，还没有足够的能力去做的时候，我就要再准备下。

这就是惩罚较大。如果没有做到自己的标准，自己都难以接受，通过自责、愧疚、羞愧、感觉挫败、自我否定来惩罚自己。

拖延的背后就是担心、害怕和恐惧。怕自己做不好，怕自己犯错。当我不能确定能让自己满意的时候，我就选择了拖延，等等再做，这样我就可以做好，就可以不犯错。拖延就是这样保护了我们。

除非你意识到对自己的要求有哪些。认识到你是这个世界上对自己最苛刻的人，你才有可能真正做起事情来，轻松起来。不再这样折磨自己：做，就要求自己做好，做不好就骂自己。不做，就骂自己拖延、无用，连这个毛病都克服不了。

我以及我的小伙伴们从小就对自己有很高的要求，做事不能犯错，考试不能倒数。到后来这些标准都内化成了"正常标准"：我对自己的要求也不高啊，就是正常水平而已。考个班级中等算要求高吗？没要求自己考第一啊！拿个1万块薪水算要求高吗？身边的人都2万起啊！做个活只要领导满意就行，没要求多完美啊！做个毕业论文不要求发核心，只要发表就行。不想拿一等奖学金，可是我连二等都拿不到……

当我们达不到自己的"正常标准"的时候，就开始骂自己：没有拿到奖学金就代表我很差劲，做完论文后老师挑了很多错就代表我很差劲，没有得到领导表扬就代表我很差劲，薪水比隔壁的姑娘都低代表我很差劲……我有一万个理由跟自己说：我很差劲。但是我却较少说：我真棒！

当我一次次说自己很差劲的时候，这又说明我还没有放弃治疗：我还想要做好，下次一定一定要做好。就为了这个"一定一定"，所以下次来的时候，我就想做好，要准备好了才去做，要有100%的把握才去做。

这只是我们内心深处的"大法官"。每个人内心都有自己的一个评判标准，住着一个大法官。大法官决定着这件事做到什么程度才是好，才算满意。我们需要去看看大法官的尺度在哪里。为什么我做得不好他就派我来骂我。我在想谁给了他这么大的权力，让他来折磨我。

大法官用了两种方式来折磨我们：

做，就要做到最好。不存在马虎随便做的状态。

只有做到了最好，你才是有用的。做不到最好，你就是没用的。

大法官在折磨我们的时候，拖延就跳出来和大法官大战了三百回合：你在潜意识里这么耀武扬威，有考虑过主人的现实情况吗？做不到，我不让他做了还不行吗？

大法官来自于我们的童年。在我很小的时候，妈妈就只有批评少有表扬。当我做好了，就是理所当然不用说。当我没做好，我就会遭到批评和责骂。于是为了更多地得到表扬，更少地受到责骂，我只有要求自己做得更好。这样我就可以活下来。

那时候我还需要妈妈的爱。所以，她掌握了这个标准，她有权力判断我做的事情是否够好，来决定给我表扬或者批评，而我把这个标准一用 20 年。

现在我们长大了，真的长大了。我们可以拿回那个标准。我才是我是否优秀的决定者和判断者，我才是做事程度的决定者。虽然我把妈妈的标准拿到了，并且内化为了自己，一直用这个标准要求着自己。但是现在我知道了我还可以拥有另外一套标准，我可以决定自己是否优秀，做得是否够好。

或许我做不了那么好、那么多了，或许我能做得那么好。但是我决定不再一定要做得好才开始去做。也许我真的不能做好，但是我起码可以开始去做了。

所以，我换了一套标准来要求自己：我开始去做，我就欣赏自己。

虽然我依然达不到原来的标准，写出的字依然很差，但是起码我写了，这就比拖着不写要好很多。我的能力真的有限，怎么做都做不到完美，所以，当我面临两个选择的时候，我选择了后者。这两个选择就是：拖着等到准备好的时候才去做，但是迟迟开始不了；现在就开始做，虽然做不好，也接纳自己做得不算太成功。

然后欣赏自己。

欣赏自己就是看到自己做到的部分，对于我，我开始运动了，开始读书了，开始工作了。也是三天打鱼，两天晒网。我相信随着熟练度增加，我做得会越来越多。起码，我开始做了，不是吗？

我发现做事有几种态度，我按重要性在这几种间做了一个序位：做并做好、做即使不够好、要么不做要么做好、拖到最后一分钟草草做了。

当我做完这个序位的时候，我发现以前常常选择最后一个：拖到最后期限，然后急急忙忙做完。这样虽然也是做完了，但还不如早开始慢慢做做得好。我为什么会那样选择呢？我发现，因为最后期限的时候交上，虽然做得不好，也不会焦虑了。因为你根本就没时间去挣扎：要不要改？也没机会去后悔，就破罐子破摔，这样吧！

做，不一定要做好。谁说一定要确认能做到100分才能开始做呢？有的事情重要，需要我反复核对。但是并不是所有事情都这么重要，我总得允许自己有些事做到60分就好，并且在只有能力做到40分的时候就开始做。

"做了就要做好"是个规条，这样的规条的积极一面是会让自己努力；消极的一面就是会让自己很累，更会让自己在面临有一定难度的任务的时候拖延，以致无法开始。

一个人最大的悲哀，就是不愿做自己

自我的迷失，是这个城市里人的一种通病。

天天浑浑噩噩，过着机械的日子，不知道在做什么，更不知道为什么而做。常常羡慕那些有理想、有追求的人，羡慕他们的清醒和幸福，然后感叹自己的一无所长、一无是处。

幸福的人就是成功的人，他们都有这么个特点，很清楚自己是谁，自己有什么，自己要什么。他们做着自己想做的事，人生走在自己的轨迹上，他们把优秀或平淡当成一种目标，从来不会去羡慕别人有什么或者抱怨自己没什么。他们有三种能力：耐得住寂寞、经得起挫折、守得住成功。总结起来就一个：无论环境怎么变化，他们都能坚定地做自己。

自我价值感高的人，很了解自己，能做回自己，所以他们幸福。

可是这个城市偏偏有这么多人，价值感低，不能做自己。我常常听到很多人说起同样的感受，心里空空的，不知道在哪儿，不知道在做什么，不知道该做什么，不知道该往哪儿走。害怕闲下来，一旦闲下来的时候，心里空荡荡的，不知所措。于是忙碌。即使忙碌，也会突然地悲伤，感觉不到自己。

失去自己的时候，有两种情况：一种是感觉不到自己，找不到存在，心里空空的，空虚感弥漫。另外一种就是通过心理防御机制去填补这个空，就会羡慕别人或贬低别人来塑造一个理想中的"我"的形象，也就是"逼格"。

我也曾经常常感到挫败无比，仿佛我是世界上最无用的人。那时候，朋友们会说你真的很优秀，我却独自一人在角落里忧伤。优秀有什么用，照顾不好自己，饭不会做，天天要买着吃，还不如隔壁家不学无术的宅男，起码可以自己天天做饭，把自己照顾得很好。我赚不到钱，还不会理财，一点儿工资每月下来所剩无几，还不如楼下做导购的小姑娘，每月挣得虽然不多，但小日子打点得依然滋润且每个月都有剩余。朋友们虽然都夸我这好那好，可是有什么用，自己看不到，也比不上人家专业水平，也转化不成价值，白白会点三脚猫功夫，高不成，低不就，还不如单位的小设计，就会设计这一点，就可以找到自己的方向。我就是曾经常常这样看不起自己。

不仅是能力不济，也常常不喜欢自己的性格。记得做销售的那段日子，朋友们常常说起我的睿智、幽默、安静。他们说的时候，我会高兴那么一会儿，剩下的时间，我常为自己的内向、放不开、腼腆而痛苦不已。总之，那时候我从来没有觉得自己好过。青春的岁月里，除了挫败就是迷茫。我常常不知道为什么活着，只能麻木地活着。

同时修心理的一个朋友则恰恰与我相反，在他眼里，我自然是毛病一堆，他说的我的很多毛病我并不认同，因为他常常在自己的世界里把别人的问题放大，他也常常指出别人很多毛病：做人应该真诚，你看你那么掩饰自己怎么可以？他甚至会大声呵斥：你这是指责，你怎么可以成为一个指责型的人，做人不应该指责。每当看到这样的画面我常常被搞得哭笑不得。

不能做自己的人就是这样，无法面对心里空空的时候，就从别人身上找素材塑造一个理想的我，总是羡慕别人，看到别人的好，总是看低自己，盯着自己的错误不放。或者相反，将自己看得无一缺点，别人身上却都是毛病。他们生活在一个理想的自我的世界里，认为理想的自己应该具备哪些特点，而始终不愿面对真实的自己。

有时候想想人真是可笑，羡慕来羡慕去，单单没有羡慕自己。指责来指责去，单单没有指责自己。有时候多么渴望自己具备想具备的能力，多么渴望具备自己想具备的性格。可上天是那么不公，偏偏让我拖着一副不想要的身躯，偏偏让我为自己的性格痛苦不已，总是差了那么一点儿，而我，无论怎么努力都填补不了这一点儿。

感觉不到自己的时候，也很可怕。想有个人陪，想找人说话，想做些事情，想通过忙碌、外界的刺激来逃避真实的自己。

有时候就选择抱怨。直到看到一幅漫画，有个人在指责上帝，为什么要对他这么悲惨。可是他不知道的是，上帝已经将大部分苦难都进行了拦截，不让它出现。我们总埋怨上帝为什么没有给我们完美，可是上帝给的，恰恰是独一无二的完美。

我用了很长时间去理解这两句话：我们都是生命能量独一无二的见证，一切都是最好的安排。

有个故事里，丞相常跟国王说，一切都是最好的安排，国王认为丞相只会溜须。狩猎中国王一手指被猎豹所残，丞相还是同样的话，国王一怒将其关入牢中，丞相仍说同样的话。后国王继续狩猎，被食人族所擒，即将烹之祭祖时，骤然发现其少一指，是不完整的人，部落首领将其释放。回国后，国王释放丞相，感恩其言："果然是最好的安排，但是爱卿被囚数十日，又何解？"丞相说："如果我不是在狱中，那随国王狩猎的将是我，被烹的人也是我。"

故事很长，也很短，无非就是说明一切都是最好的安排。至于这个结论是怎么证明的也很简单，当事情发生的时候，丞相总能找出积极的意义。这就是最好的安排。

对于我们也是如此，单纯的认知决定了幸福与否，决定了能不能接纳自己。所谓接纳自己，就是看到自己的价值，看到自己的特点，并欣赏自己。环境的变化，只属于环境。身边有人陪或者没人陪，周围有人比我优秀或者比我差，都是环境和他们的，我可以学习，但不会因此而迷失自己。当环境变了的时候，我甚至可以发掘出变化对我的意义，从而感恩环境，庆幸自己。

并不因为环境的改变，我的本质就跟着变，即使我想去改变自己，我也是带着觉知、带着学习、带着自己去改变，而不是否定自己。

我知道我是不完整的，我不会做饭，但我会写字，我无须两样都会。我知道我不会理财，但我会赚钱。有些东西我想学、可以学或者不学也没关系，并不是掌握了所有技能我才是好的。我知道我内向腼腆，我可以不去做销售而转为做文案，如果我去做销售也没关系，我的这种内向腼腆给人踏实的感觉。我欣赏自己的这些特质，我可以去改变，也可以不去改变。无论我怎样，我都不会去排斥。不会做饭的人是我，不会理财的人也是我，这都是我。

再转念一想，为什么我做不好家务，为什么收拾不好，因为我性格懒散、大大咧咧，这不正是我思维散漫、鬼点子多、幽默风趣的一个源泉吗？换个角度想，如果我成了一个好的家庭煮男，样样条理清晰，摆放整齐，恐怕自己都受不了了。

好奇怪，一面想改，另一面假如改成自己想要的样子其实自己都接受不了。

其实，还是对自己现状的一种不接纳，对自己的一种不认可。羡慕着别人的好，幻想着一个理想的自己是什么样子，如此便有一种寄托：如果我是那个样子，我就是幸福的。

关于这两个我，现实中的我和理想中的我。

这两者其实并不矛盾。对于理想中的自己，可以有很多羡慕的偶像，可以有很多想要的特质和能力，可以努力去改变自己做到，都是没有问题的。想要某样东西并没有问题，问题是你是否接纳现在的自己，以及在得不到的时候你会怎么办？

所谓自我价值感高就是，我接纳现在的自己，欣赏自己，并且在我想成为的自己的路上。我看到自己的特质而非优缺点，我总能发现这种特质对我的意义，也能发现它带给我的阻碍。我可以改变，但不必否定自己。所以，我不必受环境影响，无论是独处还是与各种人在一起生活，我都可以很好地面对自己。

首先，就是接纳。接纳我就是这个样子，这就是真实的我，独一无二的我。无论我的性格是怎样，我的能力是怎样，我的现状是怎样，这都是真实的我。我不会成为刘翔第二，但我是我第一。我还是不会做饭，但我接纳这样的自己。我依然可以活得很好，而无须具备所有的能力。

其次，欣赏。当我想改变的时候，我在努力，让自己变得更好，我就可以欣赏现在的自己，欣赏自己在努力改变。先不管结果如何，至少我自己做了一个决定，决定了改变，我欣赏自己的勇气，我不仅接纳现在的自己，我还欣赏。我决定了要开始自己的烹饪之旅，我买了一个锅，我还没有开始，但我欣赏自己有勇气去改变。

然后，庆祝。每当我做出一分努力，我都庆祝一分改变。理想中的自己有 100 分，我做到了 2 分，我就为自己这个进步和努力而庆祝。我自己煮了一堆面条，虽然味道飘了出去，邻居有人在说怎么有煳味，我还是庆祝自己做了。我没有做到 100 分，比之前的我，我已经开始变了。

最后，接纳。接纳我做不到 100 分，也无须做到 100 分。我成不了大厨，甚至做不出他们都能做的饭，但是我可以自己做西红柿炒鸡蛋了。无论我做到多少，我都接纳，然后欣赏，然后我还是我。我还会努力，但并不因为我做不到 100 分就否定自己。所有事情都做到 100 分的人，不在地球上，都在火星上呢！

对真实自我的否定，对理想自我的追求。对改变的渴望，对不能做到 100 分的挫败，继而对自我的迷失。人的痛苦，莫过于此。

这也是一个人最大的悲哀，常常丢了自己，想成为理想中的自己，常常想具备很多，想在一个舒适的环境里，却忘记了：**成为最真实的自己，其实在哪儿和谁都一样幸福。**

我只是一只
不会爬树的鸭子

我进入了一个新公司，企图成为一个正规的讲师。我面临着各种要求：

1.每天着正装。我发现我喜欢穿的松散衣服都是被禁止的。

2.下班将自己的工位收拾干净，工椅归位。我发现我总是忘了收走桌子上的纸团，总是忘了把椅子放回去。

3.上班，须佩戴工卡。我太习惯把工卡装在口袋里，那个东西套在脖子上怎么看怎么不舒服。

4.每天上下班刷指纹。于是，我在路上就开始念叨：刷指纹，刷指纹！下班前很久也开始惦记：别忘了，别忘了！

我做的调整就是每天战战兢兢地应付这些事。每天晚上都要强迫自己洗衬衣，每天强迫自己整理工位，每天强迫自己提醒自己各

种制度。但我还是挨批评最多的那个人。我强迫自己不仅是因为我
害怕批评，我更希望自己可以变得好起来，或者说"正常"起来。
我也想成为一个整洁有序、生活规律的人。我也不想每日懒懒散散，
健忘，毫无纪律。我承认我骨子里是要强的，是渴望优秀的。当我
看到单位里所有人都在这个方面比我做得好的时候，我就很不爽——
凭什么我做不到？这么简单的事，我也要做到。

结果就是，我是我们部门最差劲的人。态度不端正，每天纪律
总遵守不好。工作不到位，基本的标准都达不到或勉强达到。状态
不自然，PPT 没有逻辑，讲课准备不充分，思路不开阔……我突然
发现，这里新来的、年纪小的，都比我做得好很多。本来岗位基础
就弱，现在把半数以上的精力都投放到应对纪律上，我筋疲力尽。
领导一直说做个有心人，说我不用心。是啊，他的眼里，态度不端正，
这是最简单的用心。

可是我做不到。

于是，我开始否定我过去这几年的经历。曾经风风火火搞心理学，
备受人尊重。但是当我踏入职场的时候，居然一无是处。

我罗列了我一大堆缺点：邋遢、乱丢乱放、不注意形象、散漫、
健忘、注意力不集中、缺乏自理能力，整体没有一点儿人样。想到
这儿的时候，我就突然多了一个问题：我为什么要这么去折磨自己？
你的优点是什么？！

我又罗列了一大堆优点：发散性思维、感受力强、直觉力强、
创造力强、敏锐、有上进心、与人为善……能讲心理、能写作、能销售、
能说服人。

那我是怎么打败自己的呢？

我用了大家通用的标准来要求自己。大多数人都可以做到 PPT 很华丽，生活很规律，上下班自然打卡，桌子随时整理，凳子随手放回。他们似乎天生就会这些，根本不需要投入什么精力来管理这些事。所以，他们有更多的精力让自己的工作更到位，思路更清晰。而我，为了满足自己的争强好胜，居然要去拿他们天生就会的这些东西来要求自己。

或许我可以做到，我也相信。通过我刻苦的训练，我就会做到像他们一样标准化。

我能做到，只是我很累。也常常感到挫败，感觉自己怎么努力也做不到，然后骂自己真差劲。

直到一个新的老师过来给我们做培训。

她每天都迟到，而且违反了公司"女性不能穿得太花"的原则，她脾气大，目中无人，说话火药味很浓。第一天我们对她特别反感，感觉这种工作氛围很压抑。第二天却开始感觉虽然她人很另类，但是讲的东西特别实用。第三天开始觉得很欣赏她，有个性、有深度、有魅力、有学问。于是，我们去八卦了她的背景——她是公司近 10 年的元老级员工，个性古怪，教学风格犀利，战果累累，她所教出来的学员和员工，很多都所向披靡。

除了羡慕她的特权外，我有了新感受。

与其避短，不如扬长。

记得《亮剑》里的李云龙，一个不守规矩、屡屡犯错的人，组织怎么骂他却也离不开他。因为他有着自己的可以有贡献的别人无法取代的特色。我也曾经如此，在我上个单位里，我也有这些缺点，但是领导却无法开除我，对我又爱又恨，因为我有干劲，有新思路，有业绩。

或许我可以改掉这些缺点，变得"正常"，那我就真的成了正常了。因为避短是以损长为代价的。系统是平衡的，一个长了，另一个就会短。

一方面，这是矛盾的。我想变得标准，就不能再另类（创造）。我要按规矩要求自己，思维就会变得僵化。我要安于世事，就难以再随心所欲。

另一方面，精力是有限的。我拼命去补短的时候，就忘了扬长。我疲于应对这些工作的时候，就来不及做喜欢做的事，不能放肆地读书和写作。

当我这么想的时候，我想放过我自己。

对于我不擅长的东西，我不再要求自己"正常"，更不想比他人好。我只想在我擅长的领域里，做得比别人好，甚至做到极致。

我喜欢把课程做成无厘头、幽默、深邃、去标准化。我喜欢用我发散性的思维去设计我的课程。有人做出过榜样，我去学习；没人做出过榜样，我去创造。我做出丛丛的特色，而不再是标准化特色。当我这样的时候，我很安心，也很顺手。

我不去在意是否被批评，是否被拍到乱乱的桌面向全公司的人展览，是否忘记了打卡。我也怕罚钱，我会请关系好的同事提醒我，但我也允许自己忘几次。我相信当我可以做出自己风格的时候，我就可以在另一个维度上弥补这些缺失。我因为忘记打卡、不遵守纪律而罚款，但我也相信我的工作质量上的努力可以获得更多的奖金，在作品上获得更大的荣誉。

我要做的还有放下安全感。

当我不能做得和别人一样的时候，不代表我比他们差。当我在某个领域和方面很差的时候，不代表我就是差的。我不需要在大家常见的，甚至所有领域里都到达正常水平，才代表我好。认可自己是条艰辛的路。

安全感还是我不必害怕失去。当有天我因为这些缺点而被开除的时候，说明我们不再合适了，上帝将安排我去走另外一条路。

我只是一只不会爬树的鸭子。对于爬树来说，我或许可以努力去学，努力做到标准。但是我怕学着学着，会没有心思练习游泳，就成了一只不会游泳的鸭子了。

我这么说不代表我放弃了学习爬树。我只想在游好泳的时候，顺便学习下爬树。

即使我不会爬树或者爬不好，你也不能说我一无是处，我更不能那么说自己。你会游泳么？我会。

我想做只坚持发展游泳为基础，顺便学习下爬树的好鸭子。无论我学会了什么，我都是我自己，也还是我自己。独一无二，不可代替。

如果你非要说爬树是在这个森林里生活的必备技能。问题是，我为什么非要执着地生活在森林里呢？有池塘的青青草原也可以适合我。虽然人们不鼓励换环境，但选择一个适合自己的环境还是可以的。环境和我都没有错，只是不匹配罢了。

还有请注意，你不能说一只会爬树的鸭子比一只不会爬树的鸭子好。你更不用拿一只不会游泳的猴子和不会爬树的鸭子比较。重要的是，我也不会这么做了。

在合适的
年纪做合适的事情

———

又快要月底了。

然后收到了中国电信发来的短信，大致是说：您的流量包月已用完并超额，您的短信包还太剩余，只使用了 20 多条，您的通话包月还剩 560 分钟。

不禁感慨了下：真浪费！但是却不会再有这样的想法：得赶紧用完。开始很坦然地接受自己这个浪费。

然后想到了大学时的很多时光。那时候对于每分钟一毛二的话费绝对很计较。对于使用 15 块还是 10 块的短信包套餐，会纠结许久。为了改个 5 块钱的套餐能在营业厅排队两个小时。对于中国移动推出的"情侣号"能 5 块钱打 300 分钟绝对想每个月都换个对方号绑定。对于怎么省话费进行了无数的对比和研究。想给对面楼上的女同学打个电话的时候，也得考虑要不要过了 22 点，正好进入夜间时间可以便宜点。那时候的话费要是逼近 100 元，绝对是充满了愧疚之心，然后到营业厅打印出通话单，拉着长长的单子，感慨下这个月打了这么多电话。那时候充话费都是 10 块 20 块地充，还要跑到小卖部找"空中充值"，还是在收到"你的余额不足 10 元"的时候去。那时候多么盼望不用为话费而犯愁，多么希望有个免费的电话打个够，或者有无限多的钱充话费。

时光荏苒，毕业多年。在这个城市为未来打拼的时候，蓦然发现很多事情和当年不一样了。充话费不再 10 块 20 块地充，而是每当看到欠费短信的时候，会直接从支付宝充入三五百元，免得麻烦总充。电话费经常徘徊在 200 元左右也不觉得有什么。

对比了一下现在和以往的生活，不禁发现实现了大学时候的一个梦想：打电话不用纠结话费。是的，现在有事就会直接拨给谁，从来不去想话费多少，通话多久。不会再去计算和这个人通话花了多少钱，不会再去纠结这个短信要怎么写可以一条完成而不必两条。虽然电话不是免费的，但已不会再被其所限制，而是完全实现了通话自由。微信、QQ 语音的发达，也直接导致了这些套餐用不完，用来闲聊的时间和人也越来越少。

但是我发现我的快乐并不比那时候多，甚至都没意识到自己曾经特别想要的东西已经得到了。我的痛苦换成了：

要买个华为大屏手机，还是 iPad mini + 旧手机；要在四环内租个小但是方便的房子，还是到五环外租个大房子；要赶紧攒钱买房娶媳妇，还是应该自由过好青春。

我所有的纠结又归为一个原因：太穷。钱不够才让你如此纠结。于是我想努力挣钱，实现这个梦。

我去请教那些买了房的人，他们的痛苦却也不亚于我：孩子应该去交借读费，去私立小学，还是少交点去公立；现在的比亚迪应该换成宝马，还是留着钱给孩子将来用。他们也十分努力地想挣钱，因为他们觉得自己很缺钱。但是他们似乎并没有意识到他们拿着我消费不起的 iPhone 5s，开着"别摸我"的车，住在北京四环里是一件幸福。

就像我没有意识到打电话不再纠结话费，有微信可以免费短信而感到幸福一样。

我想我也会走向他们的路，然后为更高的目标奋斗。

然后就觉得好可怕。

网上流传着一段乔布斯的遗言自述，我不知道是真是假，但我觉得很好：

作为一个世界 500 强公司的总裁，我曾经叱咤商界，无往不胜，在别人眼里，我的人生当然是成功的典范。但是除了工作，我的乐趣并不多，到后来，财富于我已经变成一种习惯的事实，正如我肥胖的身体——都是多余的东西组成。

此刻，在病床上，我频繁地回忆起我自己的一生，发现曾经让我感到无限得意的所有社会名誉和财富，在即将到来的死亡面前已全部变得暗淡无光、毫无意义了。

我也在深夜里多次反问自己，如果我生前的一切被死亡重新估价后，已经失去了价值，那么我现在最想要的是什么，即我一生的金钱和名誉都没能给我的是什么？

黑暗中，我看着那些金属检测仪器发出的幽绿的光和吱吱的声响，似乎感到瓦神温热的呼吸正向我靠拢。

现在我明白了，人的一生只要有够用的财富，就该去追求其他与财富无关的，应该是更重要的东西，也许是感情，也许是艺术，也许只是一个儿时的梦想。

无休止地追求财富只会让人变得贪婪和无趣，变成一个变态的怪物——正如我一生的写照。

上帝造人时，给我们以丰富的感官，是为了让我们去感受他预设在所有人心底的爱，而不是财富带来的虚幻。

我生前赢得的所有财富我都无法带走，能带走的只有记忆中沉淀下来的纯真的感动以及和物质无关的爱和情感，它们无法否认也不会自己消失，它们才是人生真正的财富。

"财富于我已经变成一种习惯的事实"的乔布斯，和手机话费已经成为一种习惯而不用去考虑的我是一样的。或许我再努力奋斗20年，财富于我也会成为一种习惯。

我重新审视自己为什么用不完这500多分钟的电话的时候，我归结出两个原因：1. 不想打，觉得没意思。2. 找不到人打，不知道打给谁再去扯淡。

情境变了，曾经拥有的再拥有的时候已经体验不到幸福。

小时候我多么渴望拥有几毛钱去买下那块糖，长大后我有了无数倍的几毛钱，却不再需要那块糖，也无法再爱那块糖。中学的时候，我很想向后排的姑娘表白，却被班主任无数次语重心长地教导：等你到了大学，什么姑娘都有。大学后，我却找不到"黑板上的数学题你舍得解开吗"和"同桌的你"的感觉。

正如我现在觉得：赚到了钱，有了名利、稳定工作，买了车、房，才会被人看得起，才能获得踏实、安心，想做什么就去做什么。这些不过又是我的幻想：等我 40 岁的时候有了这一切后，我相信靠自己的能力和努力一定能在 40 岁的时候得到，但是，我可能再也不会想约姑娘去天台看星星，再也不想学这学那，再也不想凭冲动辞职、换工作，再也不想坐 3 个小时的公交车去门头沟，再也不想对着大海大喊：你好吗？再也不会做很多事情。然后我又开始幻想：等我退休的时候，我就……然后在我老了的时候，我就想：假如我再年轻 40 岁，我就可以……

我们所处的每个情境，都有它的优势和劣势、长处和短板。我们小的时候，有童心但没钱；我们读大学的时候，有激情但没钱；我们毕业后，有想法但没钱；我们有钱的时候蓦然发现：什么都没了。人上了年纪，就什么都不想干了。

然后在垂暮之年遗憾：为什么我在没钱的时候不去做这些事？为什么要让安全感阻碍了我想去做的事？

我觉得情境比钱和名利都重要，比安全感也重要。情境就是我们当下时间所处的环境，包括我们的年纪、心态、朋友、资源。这些才是限制一个人快乐的因素，钱和名利都不是。然而我们总是盯着这一点儿没有的东西，在拼命消耗已有的东西。这感觉像是花了五千兵甲攻下了一个山头，突然发现上面什么都没有，只是看起来很高。

当然，现在即使再无匮乏，我还是很渴望打电话可以省话费。这就是安全感。我们总幻想有了后才可以做一些事情，但是有了后却不能体验到幸福，还要渴望有更多。

《为学》里讲了这样一个故事：

　　蜀之鄙有二僧：其一贫，其一富。贫者语于富者曰："吾欲之南海，何如？"富者曰："子何恃而往？"曰："吾一瓶一钵足矣。"富者曰："吾数年来欲买舟而下，犹未能也。子何恃而往？"越明年，贫者自南海还，以告富者，富者有惭色。

　　等到舟备粮足再去做的时候，会发现：你在该做的年纪都没做。当你都有了的时候却已迈不动腿了，不想做了，竟不如"一瓶一钵"过得快乐。

　　我也不知道我想说什么，只是乱七八糟地想到了一些东西。我还发现：

　　所谓光脚的不怕穿鞋的，可能就是没有比有更容易快乐。

　　所谓知足常乐，就是利用你有的东西去做你这个年纪该做的事、想做的事，而不是等着所有资源都具备了才去做。

　　如果我回到大学，我想我会：每个月多问老爸要200块生活费，如果他不理解，我就自己去借200块，让我快乐地给所有想打电话的女孩都打个遍。那时候会担心给老爸负担，后来才知道：200块每月对老爸的负担远远小于我可能的快乐，我现在赚到的200块也远远不及那时候200块带来的快乐。如果有可能：我愿意用200块买回来。现实是，不可能。

　　所以，我不想再过10年后，拿着2万块跟自己说：如果有可能，我愿重回青春做那些没来得及做的事。

　　"够用的财富"就是有地方住，有饭吃就可以了。不必攀比，因为他们有的，你也会有，虽然不及他们多。但是他们失去的，却是你现在唾手可得的。那何必不比比现在所拥有的呢？

你有很多不好，但并不影响你可以活得很好——

《泰囧》的成功，再次展示了黄渤的成功。周末无聊打开电视，看到了他的消息。黄渤自己爆料，有次坐高铁的时候将外套和包都落在了火车上忘带走，刚从朋友那儿借的 5 万块钱也一起落在了火车上。到一个新的城市，身无分文。

不小心到这种程度，实在让人匪夷所思。不知道他那时候是什么感受，但是如果是我，我一定会觉得很无助，因为我马上联想到了不久前刚丢的手机也是在出差的时候这么丢的。丢的那会儿狠狠地嘲笑了自己一番，这么贵重的东西居然用这么愚蠢的方式丢了。突然就觉得很无助，在一个陌生的城市没有人认识，没有人安慰，突然觉得自己在外面生活好累，什么都做不好，什么事情都要自己承担。

被问到的时候，黄渤说，不仅是不小心，而是自己常常丢三落四。不知道5万块钱对于他来说是多大一个概念,但是一个丢三落四,肯定对他的生活造成过不少痛苦的损失。我也丢三落四,丢过很多东西,心疼得很,每当丢的时候,就觉得自己真没用,觉得自己在这个城市怎么这么无依无靠。

黄渤又说,自己有选择困难症,家里买了个床垫,但是因为一直选不出合适的床,所以一直在睡床垫而没有床。想想就觉得可爱,没有床只睡床垫,该是怎样一种选择困难。徐铮也接上茬儿说,跟黄渤一起去购物是件痛苦的事情,因为他能在一件货架前伫立很久。

这个毛病很熟悉。不仅我有,常常在几个选择之间无从下手,身边好多朋友都这样,常常会因在试衣镜前选不出衣服而不得不全部放弃,回家再考虑下;会走到一个路口犹豫好几分钟从哪条路回家,然后又回去走另外一条;甚至会因为给空间换一个皮肤而纠结得要命,然后嘲笑自己一顿:多大点儿的事这么纠结。更要命的是,因为选择困难,所以拖延。又因为拖延,很多事情做得着急,有时候会急火攻心,难受不已。

可是黄渤还是成功了,即使他有这些性格上的不好,但并不影响他的成功。

突然很想说点什么,关于自我价值。下午出去做了一场人际吸引的讲座,谈到了这个话题,人际吸引的第一步,就是提高自我价值。中间我让他们谈谈自己的优点,好多人谈起的时候展现出了价值感低的一面,总觉得自己的这些优点也有着另外一面,是个缺点,觉得自己的优点本身就是个缺点。奇怪的是,他们却不能把缺点变成优点,所以他们常常感到很无助。

冬季肆虐着的城市,又有很多朋友跟我说起他们的无助。在这个城市什么都没有,连能力也没有;缺点那么多,不会做饭,没有办法照顾好自己；专业能力低，工作总是做不好；性格内向，找不到心仪的对象。这些缺点之外还有更多的缺点：做事优柔寡断，总是失败；没有幽默感，人缘差；任性冲动，低级错误一犯再犯；安全感匮乏，没有挚交好友。这些都还不算完，拖延邋遢，生活凌乱不堪，意志消沉，整日迷茫，不知去向。

还有些朋友说，他有多么无助，犯了多么低级的错误，有了多么不可饶恕的过错，以至于天塌下来了，无处躲藏，只想逃离。

仿佛自己是世界上最不幸的人，没有可以在这个城市生存下去的能力，只是在坚持，因为无路可退，却迟迟看不到出路。

我常常为他们的这种无助感到叹息。我也有很多毛病，普通话不好，讲着讲着会被人打断，说你能不能说得清晰一点；逻辑凌乱，讲课的时候常常卡住忘记了下一段；长相粗糙难看，性格忧郁寡断，没有人会喜欢。我也常常感到无助，觉得待不下去了，只想放弃。

这个城市流行一个季节叫冬季，这个冬季流行一种感受叫无助。年关将至，备感凄凉。

当我有一个问题，始终想不明白的时候，我开始去正视这种无助：**既然自己这么差劲，是什么让你活到了现在？**

你说你不会做饭，没有生活能力，可是你没有饿着，没有冻着，没有大病，还活得健健康康。

你说你没有专业能力，可是你还领着薪水，不负债，不问家里要钱，自己养活着自己，偶尔攒攒小钱。

你说你优柔寡断，拖延成性，可是你还是做出了那么多决定，做完了那么多事情，有了那么多成就。

你说你性格内向，邋遢不堪，可是还是有那么多朋友关心你，愿意和你做朋友，愿意和你说话，愿意帮助你也接受你的帮助。

你说你任性冲动，内心幼稚，可是你还是用闯劲儿闯出了自己的一片天，积累了很多别人难以企及的资源。

你有那么多缺点，那么多不好，那么多自己看不起自己的地方，那么多的挫败，那么多的无助，可是到现在你不仅活着，而且活得好好的。如果你真的有你说的那么差，那你该步履艰辛，桥下乞讨，才能让自己活下去，可是你没有。

你完成了这么多，长到这么大，还好好的，说明你还是有很多好的地方，可以让你做到这些。那么这些好的地方在哪儿呢？为什么从来都没听你说起过呢？

价值感低的人，总是不愿意看到自己的好，只喜欢看到自己的不好。总是不愿意看到自己做到的，总喜欢看到自己没做到的。总是不愿意看到自己做好的，总喜欢看到自己没做好的。似乎做好了，是很简单、很正常的事情，但是做不好却是因为自己太无能。

想放弃的人，就这两种：一种是觉得自己真的很差；另一种是不仅觉得自己差，而且觉得自己犯了太可笑的错误，无法原谅自己。然而这两种人又都没有放弃，都在坚持着。

价值感低的人就这样，又不愿意放弃，总幻想着可以都改正，幻想着事情可以都做好。改着改着又犯了，做着做着又败了，于是价值感更低，更看不起自己，更觉得自己一无所是，一无所成，未来毫无希望，自己毫无价值。

价值感的转化是件很有意思的事情。其实你的这些不好并不影响你的好。

你有 100 个不好，同时你会有 101 个好，你要相信你的好总会多于你的不好，所以你才能够活下来，而且活得这么好。你要做的，不是盯着自己的这100个不好不放，而是找出自己的102个好，找着找着你就会发现自己能创造出更多的好。既然你能看到优点也有缺点的一面，同时你也完全应该看到缺点也有优秀的一面，给你带来益处的一面。人格特质只是一种特质，无所谓好坏，你愿意看到优秀的时候就可以看到优秀。譬如说，有时候我把邋遢看成了一种优秀。当我看到有强迫症的朋友把屋子收拾得那么干净的时候，我觉得，正是懒得收拾让我有了更多的精力和心思投放到我热爱的事业中。

你不必做到100分。你有68分的专业能力，就足够胜任你的工作，你不必成为圣人，要具备100分的能力去做工作。你可以向着100分努力，但允许自己达不到。当你从60分到了68分，你已经可以庆祝自己的进步了，而不是总盯着自己：我为什么有32分做不到？同样，不必为你的性格有部分缺失而感到痛苦和无助，你不是完美的人，你已经做了很多了，已经做得很好了，你可以努力做得很好，但是不必非要做到完美才能认可自己。这很像小时候参加奥林匹克竞赛，你能参加竞赛，已经是很优秀了，你可以努力获得一等奖，但是不必为得不到一等奖而说自己学习差。

为什么我们会这么要求完美，不愿意看到自己做到的，只愿意盯着自己的不足？我用分数做比喻，不禁想起了从小到大的那些时光，在考试中，无论我们考出什么样的分数，只要不是满分，我们就总被教育说那些分数是怎么失去的，我们总是盯着那些失去的分数而惋惜。长大后，我们不用分数来衡量成就了，但是依然没有摆脱这些模式。

接纳自己，我有很多不好，但这并不影响我可以成功，可以做成事情。我不必达到完美也可以活得很好。

时刻记得，你的不好并不会抹掉你的好，你的不好也并不影响你的好。

別怕，
带着恐慌上路吧——

我是一个不靠谱的人，也喜欢忽悠我身边的人一起不靠谱。做各种疯狂、没面子、冒险的事，这让我很快乐。当然不是每个人都喜欢这种方式，但这并不影响有些人喜欢和我在一起，他们说，跟我一起玩的时候，会触摸到一个从来没见过的自己。

回想这些年，其实我还是做了很多事，虽然我无数次骂自己无所作为。我花了很多钱上了很多心理学大师的课，开始自己写书，开始接待咨询，开始组织课程，卖力地讲心理课。对于我这样一个年轻人，纵然不能用成功来定义，但至少我做到了很多像我这样热爱着心理学的年轻人都不敢做的事。

我喜欢现在的生活，自由，时间和工作内容都由自己决定，想做的时候做，不想做的时候不做。想做什么做什么，可以看看书，晒晒太阳，出去参加个活动，经常起个懒床。我准备再租一个一室一厅的小房子，做个工作室。铺上温馨的垫子，贴上好玩的墙画，组织一帮陌生人或熟人来搞各种学术或娱乐聚会。当我看到一个好的课程的时候，我不再像以前那样评估这价格成千上万的课程是否值得，不再去计算时间合不合适。我只有一个想法：去上课。Anytime 都 ok（任何时间都可以）。

不要以为我有能力支撑起这样的生活，更不要以为我有钱支撑起安全感。

在这个城市里，我无比迷茫、挫败、恐慌。如果所有人都觉得我起码会心理咨询啊，可以养活自己。那是你从来不知道心理咨询给人的那种无助感：太多时候，我会感觉到心理咨询其实什么都帮助不了别人，净是扯淡。又有太多时候，你无法知道你到底会什么，细数起来，你除了知道弗洛伊德和罗杰斯这两个名字外，对于他们的理念你甚至一无所知，最多只知道几个无用的名词概念。太多时候给人上完课、做完咨询，都有种害人的罪恶感。它不比你会写编码，就能出作品。不比你会维修，就能让一个发动机转起来。甚至不比一篇论文，刊登在某某杂志就可能获得某某成果奖。

心理咨询本身的局限，加上自己学识太有限，这两点足够让我否定自己一百万次，甚至无数次后悔为什么要踏上这条不归之路。假如我高中毕业的时候就去蓝翔学开挖掘机，现在起码可以小有财富踏实过日子了吧。

我说到了小有财富。我在做 OH 卡课的时候就会讲道：心理毁三代，OH 卡穷一生。这些东西真的太烧钱，看起来不过几张纸做的牌，消耗就要千元以上。搞心理更不用说了，一个大师的课就够你奋斗一年了。这是个奢侈消费的产业。我还想做个工作室，其实我根本没有钱。

何况我连工作都没有，我指固定工作。一个自由职业者的苦就是，你永远不知道明天你是否有收入，所以生活会给你极大的不安全感。

所以自由生活的背后，依然有着很多痛苦、迷茫和不安：能力没有，财富也没有。

所以我也会常常陷入挫败、自我否定，觉得自己不行，疑惑到底对不对。

但这并不影响我多数时候的幸福感，也不影响我去做一些我想做的事情。

接着就说到了我会去忽悠身边的朋友跟我一样疯狂，去做自己内心真正渴望做的事——我说的是身边的朋友，对于我的来访者那是另外一回事，还是会努力保持中立性的。

因为我发现这是我身边很多人的向往：渴望自由，渴望做自己想做的事，渴望有更大的空间去学习，渴望疯狂，渴望梦想。

然后我会说：来吧，和我一起。大北京有着太多的不可思议。

接着就收到了各种反馈：不知道能不能生存下来，不像你那么有本事，对北京的压力感觉到害怕，没有钱，没有足够的能力……

总结就是：**我没有足够的心理和物质资本来开始一段未知的生活。但我又不愿意放弃我的梦，所以再等一段时间吧，等到条件足够的时候我就会去做。**

足够。这个词是个非常有意思的词。什么叫足够呢？囤一大笔钱，确定未来10年够花？买好房子，确定有生活归属？找到固定收

入源，确定未来的安稳？只要你的内心有匮乏感，足够永远都不会
到来。

　　我也好奇地去问过跟我同龄但比我更有魄力的朋友。他在北京
三环弄了个 200 平方米的工作室。当他这么做的时候，我也吓傻了：
1. 你用得过来吗？ 2. 你扛得住吗？ 3. 你怕吗？

　　我发现他也怕，但他同时也不怕。他跟我唯一的区别，就是敢干。
换作我真不敢，我只敢小范围地冒险，即使明天没有钱花，但我知
道我可以随时收手，再去赚钱都来得及。但是他这么折腾，换作我
真不敢。

　　于是我也理解了那些比我更不敢的人。对于他们来说，我是真
敢干。

　　于是我有了一个猜测：即使那些看起来非常自信和自恋的人，也充
满了不确定性和迷茫、恐慌，他们对于自己的否定不比我们少半分，他们
对未来的怀疑也不比我们少。不同的是，他们敢带着这份恐慌上路，而我
们却企图消除这些恐慌后再上路。

　　于是结果就成了：带着恐慌上路的人，结果会证明给他们看，这些
恐慌是不必要的。企图消除恐慌的人，恐慌会变本加厉，甚至更多。

　　人生的差距就是这么拉开的吧。越等越不敢，越囿顾虑越多，越想越
发现不确定的东西越多。都想清楚了，都准备好了再做？其实人的距离与
智力有关，但显然更多的是非智力因素在决定。

　　我的世界里就是：怕什么，大不了从头再来。不动，会在某种
情况下越来越好，却在瓶颈上卡得很鸡肋。动了，就是破碎或者重塑。
破碎，不就是重塑吗？

至少我不喜欢那种有渴望，却不敢去实现的生活。

所以我也想去做更多。

当然这些只是我的价值观，只是分享一下，而且仅限于分享。
我知道人与人不同，别骂，我只是想自以为是地鼓励一下这些被安
全感拴住的人。并且好奇：如果取消了所有安全感的顾虑，你最想
做的事是什么？你最想过一种什么样的生活？

未满足之爱：
你接着扒开伤给我看呀

　　总有一些人让我啼笑皆非。比如说当我听到这个句式：

　　难道两个人在一起不是应该……爱情不是应该……我可以接受他没钱没相貌没能力没房子，甚至可以接受他不理解我、不懂我、不……但他起码应该……如果他这些也不能做到，不能给，那我要他干吗？！

　　空格处可以填写：信息及时回，喝完酒要先打个电话报告一下再回家，记得生日，欣赏赞美，看到努力，陪吃饭说话，听唠叨，起码不贬低讽刺，不挖苦嘲笑，不火上添油，等等。

　　总结就是：两个人在一起应该相互认可、懂得、理解、看见、重视，以对方为中心，知道怎么满足对方。这是说得比较客气的，不客气地说就是：你应该满足我这些要求。

或许关系本身就是相互满足，这无可厚非。但不是每段关系都这么完美到彼此恰好满足，毕竟那还是少数。更多的关系我发现是这样的：他在努力满足你，然而你并不满足，你还会反过来埋怨他一点都没做，全部否定。

比如我见过的这几个人：

一个女士说：我就是希望他能及时回复我信息啊，两个人在一起不就是应该这样吗？这句话的本质其实在说：我要你给我绝对关注。然后她说：我也是这么对他的呀。这听起来就像是：兔子埋怨狗不够爱它，竟然不招待它吃萝卜。你看我多爱你，我把我最重要的萝卜都分享给你，我都做到了分享萝卜，你为什么做不到？然后对方也知道你爱吃萝卜，就拼命给呀，可是他毕竟不是吃萝卜长大的，不懂得你的经验世界，不能完全给予你满足。结果就落得了不爱你的指责。还有一个女士说：他起码不要这么否定我吧！他否定我，起码不要扭曲事实来否定吧！这句话的本质就是：我希望你可以给我点认可。

一个男士说：你如果不能理解男人的世界，你起码别打电话发信息这么频繁吧。如果你这么频繁，起码不要总要求我秒回吧。我也是个人，也有自己的事要做！这句话的本质其实在说：我要自由，要被理解。他还会说：你做什么我从来不管你，从来不那么要求你，你为什么要那么要求我呢？！这就像是爱上兔子的狗，没办法，兔子不懂肉的香。

以前我会觉得这是男女两性的差异，后来发现远非如此，这些都是我们童年家庭中未满足的爱、遗留下的伤。

希望被绝对关注，害怕被否定，希望被肯定，希望被围着被随时看见和被随时关注，希望被当成世界的中心宠着，其实这些都是婴幼儿的需求。当然成人也有，但是一个成熟的成人不会因为这些需求没有被满足而歇斯

底里地难过或指责他人。这些需求基本都是在三期（口欲期、肛欲期、俄狄浦斯期）没有被满足的结果。直接点说就是：那时候你的爸爸或者妈妈没有给到你无条件的爱，甚至没有给到你安全的爱，没有给到你尊重、自由、认可，你爸爸可能长期缺失让你感受不到自己的存在，你妈妈可能太唠叨管太多让你成长没有自由而窒息，而人的成长和发展又需要这些东西，因此人就一定要得到充分的满足才愿意成长到下一步。

这就麻烦大了：如果你的生理年龄过了三期中的某个阶段，而你的心理并没有在相应的时候得到满足，这时候你的心里就多了个洞，在你日后的几十年里你都企图把这个洞填满。即使你到了下个阶段，你也还在要。你可能到了潜伏期来不及管这个需求而将之压抑了，但是到了性器期你还是会要，这时候就变成了向伴侣要。想要把这个心理之洞填满。

可是伴侣不是你当年的爸妈，他无法再次充当你爸妈的角色，给到你当年的满足感。因此这也就成了你一生的匮乏。你就一直在感情里遭殃：要不到，换伴侣，接着要，还要不到，绝望。无限循环。

除非你愿意修复自己当年的未被满足，荣格称它为"情结"，也就是你那未被满足之爱卡在那里形成了一个疙瘩，成了一个无法满足之洞。疗愈它的答案，并不在伴侣那里，也不在父母那里，那个洞在你心里，只能你自己来修复。

最大的修复方式就是：看见。

看见你的伤是什么，你有哪些未被满足的渴望，你想在伴侣关系中获得什么。你在用什么方式要，指责吵架或讨好装可怜，逃避冷战或讲些"爱不就是应该……"的道理来说服，你在怎样跟自己玩这些索要的游戏。

然后就是决定，要不要接着跟自己玩。把责任转嫁给伴侣：都是他的错，他不满足我。如果你再高尚点就是：我这么爱他，他还不满足我。低俗点就是：你连这些都不能满足我，我要你干吗？

最后就是自爱。你有没有肯定自己，认可自己。你有没有遗弃你自己，觉得自己不值得被人重视。你有没有尊重自己的感受。如果这些你都没有对自己做，那么别人对你做再多都是无效的。

退一万步讲：如果你坚持这种满足才是爱，那人家就是不爱你，有本事你换个人呀！人家没有满足你的能力，你又不换人，还各种强迫人家满足你，那只能说你是：孙二娘。

然后我们就可以理清楚一个关键的概念：爱与需要。

爱情，是个很美好的词汇，但我们决不能用爱情去绑架别人来满足自己的欲望。**如果你爱他，在乎他，那么你应该祝福他，希望他好，走过去，理解他，用他的方式满足他。**你爱一个人，会因为他的开心而开心。

而你需要一个人就完全不同了，你需要一个人来满足你，你需要一个人来爱你。**他不能满足你，你就受伤可怜或者愤怒指责，这些都是需要。爱可以与需要同时存在，但不能强行捆绑。**

回到最开始，就是你需要他，没什么问题。但是如果你把童年未满足的这些爱的渴求带到伴侣关系中，那就是不断地扒开你的伤，来让伴侣看：你看我多痛苦，多可怜，多想要。然后他心情好、有精力的时候，就可以满足你一下。然后你就爱上了他，以为他真的能随时满足你，就想一直要下去。

那，祝你成功。虽然你肯定会失败。

神逻辑：
不优秀就没人爱

完美才能优秀，优秀才能被认可，认可才能被关爱。

这是我见过的最神的逻辑，我搞了很久才搞清楚。我身边很多人都那么努力想让自己完美：工作要努力，赚钱要拼命，做事不能拖沓，缺点不能展示，要有时间观念，不能乱发脾气……

我对这些神人感到五体投地，由衷钦佩。以至于我很怀疑能量守恒定律：他们是怎么像永动机那样拼命要求自己而毫不感觉劳累的？

后来他们说是我错了，他们也是累觉不爱。一点都不想这么拼命完美，但是更受不了自己不够完美，受不了自己事情做不好，脾气又差，做人失败。他们也很累，但是没办法。因为他们没办法接受自己不够优秀。

可能我从小就没考过第一，没获过大奖，当然小奖也没获过，刮刮乐和刮发票除外。不知道优秀的滋味是什么，更不知道为什么优秀那么重要。然后他们告诉我：优秀才能被认可。

这是什么逻辑？优秀才能被认可。

他们说，自己受不了领导批评，有时候觉得愤怒和委屈，凭什么那么说自己，凭什么要歪曲事实，凭什么要求我那么多，凭什么要我做这些？有时候受不了的更是自己，凭什么别人都能做好而自己做不好，凭什么这么简单的事自己都做得一塌糊涂？他们的优秀能得到两样东西：别人的认可和自己的认可。

如果不够优秀，如果做不好，自己就会受到批评。如果不够优秀，自己就会自责。

批评，嗯，这个东西我也常获得，我是一个太矬的人了。用我的朋友们的话说就是：你怎么能够那么心安理得地犯错？对此我的回答就是：我又不是神，怎么能够不犯错？

那被批评和不认可是什么关系。我就不是很懂了。我的领导和我妈是批评我最凶的人，尤其是我妈。什么邋遢啊，拖延啊，不着调、不靠谱啊，让人烦不胜烦，但是我不会觉得我不被认可。反之，我的逻辑是：他们是认可了我，才会批评我。除了批评我多外，其实他们表扬我的时候也挺多的。

但这些批评与表扬，从来不影响我的可爱。我有很多优点，也有很多缺点，我的朋友、领导、同事、父母、恋人，他们都知道我的优点，也都知道我的缺点，他们会经常对我无语到难以忍受，但我依然能感受到他们对我很深的认可。我知道他们认可我，是因为我是一种独特的存在，我的存在对他们来说有很大的意义，我们除了会一起做点事情相互有价值外，更多的是事情之外，我们的关系有种很深的连接。你不能否认,你和领导同事之间也是有感情存在的。

　　一个人被认可,并不是因为你优秀。人们认可你的优秀,也只是认可你的外在。认可大致可以分为:**认可你的事和认可你的人**。也就是:认可你的外在优秀和认可你独特的本质。

　　前一种我会认为是虚假的认可,之所以是虚假,是因为他跟你的人关联不大。就像人们认可你的事业、成就、地位、荣誉,换一个人也是如此,他们认可的是外在标准而不是你这个人。为这种认可而努力,其实是背道而驰的,你永远都得不到认可。

　　那么我们就有理由说:**认可,不一定来自优秀。来自优秀的认可,也只是认可外在。内在很深的认可,那是因为你的可爱,而不是优秀。**

　　一个人怎么样才是可爱的?答案是唯有真实。人与人之间的连接,不是因为一起做点事情而建立的,而是因为有了心与心的碰撞。心与心的碰撞,当然来自于心对心的敞开,而不是用一大堆优秀来包装。

　　后来我去问他们:为什么这么需要被认可?原来他们建立了这样一种联系:被认可的时候才能得到爱。

　　我会感觉这是一种很深的悲哀。在他们的成长过程中,他们需要不断地被别人要求要优秀,只有做到这些标准的时候,才能获得妈妈或爸爸的认可。只有得到了他们的认可才能得到他们的爱。从小时候开始,爱就被认为是有条件的。于是在潜意识里建立了一个根深蒂固的观点:只有做到优秀,才能被认可、被爱。

　　这就像巴甫洛夫那只狗。从前有个人叫巴甫洛夫,他跟狗玩了一个游戏。他认为铃铛是个好东西,然后他要求他的狗也这么认为。

但是狗不同意啊，狗从出生就没见过铃铛，不认为铃铛重要。然后巴甫洛夫为了狗好，想给它建立其实铃铛是生活的资本的观念。好在巴甫洛夫掌握了狗生存的基本条件：食物。于是他就这么做了：每当铃铛响起，只要你乖乖分泌唾液，我就给你食物吃。久而久之，狗就建立了这样一个信念：铃铛出现的时候食物才能出现。

故事到这可能已经停止了。巴甫洛夫被称为史上最伟大的心理学家之一，因为他发现了极其重要的心理和生理规律：铃铛和唾液之间居然能建立联系。这就是著名的条件反射实验。

让我们把这个故事想象下去：

然后狗慢慢地长大，巴甫洛夫渐渐地老去，狗必须要离开主人独自到社会上寻找食物。狗建立的信念是如此强大，以至于认为那是世界的真谛：只有先铃铛响，才能得到食物。

于是它很努力地寻找铃铛，只要别人不摇铃，它就认为不会给自己食物，于是很生气，或者很伤心。当别人摇铃的同时出现食物的时候，它就再次强化自己的信念。

然后给食物的人就很奇怪：铃铛和食物之间有什么关系？我的铃铛有时会响，有时不会响，这并不影响我给你食物啊。但是狗不相信，狗的世界里：只有铃铛响，食物才会来。

只有优秀才是被认可的，只有被认可才会被爱。这些观念可能来自于我们那巴甫洛夫式的父母，但不是世界全部。即使我们没有被认可，依然被爱。即使我们不优秀，依然是被认可的。即使铃铛沉默，我们得到的是批评，我们想要的食物和爱，都会按时到来。

很多痛苦都来自于我们把本不相关的两个东西强行建立联系。

我见过的一个最滑稽的姑娘是：别人说她瘦，她很生气，她觉得别人是在嘲笑她胸小。她把瘦、胸小和不被认可这三个不相关的东西强行建立了个等值联系。

有的人受不得一点委屈、冤枉、误解、否定，他们都会把这些东西和自尊心、认可之间建立一种等值联系。

我想说的是，你一直都是被认可的，一直都是被爱的。那个否定你的人，正是你自己。你用一个莫名其妙的法则成功地证明了自己不好，证明了别人对你不好。但是你有没有想过：这个鬼法则，不过是你早期建立起来的条件反射，是一个很无聊的游戏。

爱是心与心的连接，与你穿什么衣服、有什么荣誉没有任何关系。

最后再说我，作为一个不够伟大的心灵导师，我常常和我的学员们在群里大谈特谈我怎么选择困难，怎么拖延，但这并不影响他们说：我，要，复训！

当然你也可以继续选择优秀。追求优秀是一种本能，只是你可以换一种驱动力，不再是因为想被认可而想要优秀。在传统的自体分析心理学那里，人们的发展有两个动力，即涉及驱力和客体的动力，也就是早年经历带动的恐惧驱力；涉及自我和自我完整感的驱力，也就是想要完整自我价值的驱力。这个我会单独撰文再详细说明。

　　心理学在世界上渐渐流行开来，已经不再是"心理有病"的代名词，而是如何充满正能量。越来越多的人通过各类文章和身边人的改变开始接触到心理学，并且意识到它的价值。然而，我依然听到很多人说喜欢心理学，但不知道从何开始的疑问。当我指出一系列思路的时候，他们又会知难而退。经过一系列追问，我挖出了这个问题的深层原因：我喜欢心理学，但没想过要从事心理学工作或成为心理咨询师。我有必要花时间去学心理学吗？

　　有没有必要学心理学不是我所能评判的，但我却想说说大众为什么需要心理学。

　　广义上的心理学研究范围之广，很多的确与大众关联不大，涉及实验统计、脑神经科学、显著差异研究等。我们口中常谈的心理学实际上是指应用心理学中的临床心理学，即心理学在我们的日常工作与生活中是如何应用的。其基本作用之一就是帮助人解决烦恼，给人力量，让人可以实现快乐与幸福。

那么我觉得，心理学应该成为人人学习的技能之一。

我们的心理需要营养。我们的心理长期营养匮乏的时候，心理状态就会表现出一系列的饥渴反应：情绪化、暴躁易怒、自卑、拖延、抑郁、迷茫、挫败、人际关系紊乱、情感关系破碎、亲子关系失利等。这些症状行为其实都在提醒我们，我们的心理状态比较饥渴了，需要补充营养，需要你的照顾。当我们的心理营养匮乏到难以维系正常生活的时候，我们就会去见心理咨询师帮忙调节。

就像我们的身体也是如此。身体需要营养，需要我们的照顾。当我们长期不关注身体营养后，我们的身体就会出现一系列反应：面黄肌瘦、记忆力下降、注意力不集中、免疫力下降等。当身体营养匮乏到一定程度后，我们就会去见医生，需要医生或营养师帮我们调节。

但不是每个人都看得起医生，不是每个人都请得起营养师。所以，为了应对及避免身体营养缺失，就有了很多另外的方法：学习营养搭配的知识，学习营养做饭的技术，做自己的营养师和厨师。如果我们掌握了这些知识和技能，还可以帮助自己的朋友和家人做饭，让他们也可以吃到营养且健康的饭菜。

心理营养也是如此。我们学习心理学知识，练习心理技能，可以不是为了成为专业心理工作者，但是却可以做自己的心理师，补充自己的心理营养，自我调节。在心情不好、人际关系紊乱、价值感受挫的时候可以有方法自己应对。当身边的人不开心的时候，当家人出现情绪问题的

时候，甚至当身边的朋友遇到心理危机、出现烦恼的时候，我们都可以适当地用自己所学进行干预，让他们活得更快乐、更幸福。所以，我们可以做自己的心理师，做身边的人的心理师。

我们可以用自己做菜、煮饭的技能，给家人、朋友做做饭，帮他们平衡好身体营养，也可以给自己力量，可以给身边的人带来温暖和快乐，补充他们的心理营养。

推而广之，我们的生活需要学会很多技能，来让我们过得更好，我们可以不必成为专家，但是起码要懂得基本知识，掌握基本技能。比如说：我可以不成为工程师，但我可以学会修电脑。我可以不成为书法家，但我想学会写毛笔字。我可以不必成为翻译，但我需要学点英语。我可以不必成为厨师，但我要学会做饭。我可以不必成为服装师，但我要懂得一些服装搭配。我可以不必成为音乐家，但可以学会唱歌和弹吉他。这些额外的生活技能，都可以给自己和给身边的人带来欢乐，甚至帮助。

心理学也是如此，你可以不必成为专家，但是却不能一无所知。你需要花费时间、精力、财力去学习，就像学习厨艺、插花、搭配、化妆一样。

我始终觉得，作为一个人，可以让自己快乐，可以给身边的人带来温暖，是一件非常有价值的事。

有了心理学，当朋友心情不好的时候、失恋的时候、失意的时候，我可以不必急着提建议，而是懂得如何倾听与共情，懂得如何在适当的时候给予准确的安慰，并提供有效的方法给予支持。有了心理学，当自己挫败的时候、无助的时候，可以给自己力量，帮自己找到资源，看清前面的方向，让自己在一次次困境中得以成功应对，拨开云雾，重见天日。有了心理学，当人际关系出了问题，当被生活欺骗，就能迅速追根问底，找到问题的核心，分析自己的状态，充分认识自己的行为模式，进而改正，收获和谐、幸福的关系。有了心理学，在恋爱及婚姻关系中出现了分歧，知道如何有效处理。有了心理学，结婚生子后在与孩子的关系中出现显著差异的时候，能反思自己的教育模式，与孩子和谐相处，给孩子一个和谐、安全、宽容、接纳的环境，让他能够快乐生活，开心学习，胜过报读 100 个补习班。

这难道不是很有意义吗？

当然，心理学是但又不仅是知识，像游泳、书法、做饭一样，通过阅读和学习可以获得是什么及该如何的道理。但是养成这些技能，还需要指导和练习，这就是我和我的同事们为什么要培训大众心理学。目的就是想让人们可以在模拟及练习中真正掌握心理学的一些基本技能，进而可以迁移到生活里去，改变生活状态。

生活中，不需要成为所有领域的专家，却可以掌握许多基本技能。如何让自己和他人快乐，就是其中很重要的一个。而心理学，也只是通往这个目标的一条很普通却也很重要的路。

你可以不以心理学为生，却可以成为自己的心理师。

为了改变现状，你愿意付出多少

自从人类建立了心理学，被改变的欲望就没停止过。实际上可能在此之前，人类改变的欲望就一直都有。

于是，自从学了心理学，我整个人就不一样了，经常被当成神一样来被质问。不，应该说是被当作太上老君一样对待，期待我给他们一粒仙丹，一旦服下，所有问题烟消云散。

因为我被问到了一系列这样的问题：

"你好，有什么办法能缓解强迫性焦虑症吗？""怎样放下一个人？""分手后如何挽回一个曾经被你伤害过的人？"……

对于这些问题，我常常无从入手。于是，我的答案向来就只有四个：1.接受心理咨询。2.接受课程学习。3.忍着或继续纠结。4.自己调节，

具体参见第 2 条。如果还有 5，那么就是放下有 1、2、3 可以执行的期待。

因为除此之外，我真的不知道还有什么可以说。我隐约感觉到提问题的人背后有一个期待：你是心理老师，你知道怎么可以变得更好，所以你告诉我怎么变得更好。然而我再去细究期待背后的期待的时候，我又会感觉到这么一丝东西：我想你告诉我具体该怎么做，第一步做什么，第二步做什么，然后按照你说的我做了之后，我就一定可以完成改变。

这感觉就像是做瑜伽或健身一样，第一式，第二式，完成这些动作一个月后减肥完成 20 斤，而且是一定。但心理的改变，显然没这么直接。心理是个复杂的有机系统，哪有什么太具体的套路可循？虽然有套路，但是不落实到具体的问题上，还是空话和套话。

而且不止如此，当我问到你愿意为此付出什么代价的时候，通常止步于讨论。因为无论接受心理咨询还是心理课程，价格都过于昂贵。这时候我心里会升起很大一个疑问：你真的想改变吗？如果是，那么你想为改变付出什么呢？

没有一样改变是可以不需要付出代价和牺牲的。当然这些牺牲并不只是金钱、时间和精力的牺牲，还有更潜在的和固化的牺牲。

比如说安全感。改变就是打破、解构原来的模式，然后重新建构新的模式。这就意味着你要突破舒适地带，走入未知的体验领域。而这同时标志着你将放下安全感，敢于去冒险。原有的虽然熟悉，但已不适用。只是人们在行事的时候，宁愿选择熟悉的，也不愿意选择有利的。

这像极了一个故事：某人在晚上走到树底下的时候，丢了把钥匙，于是就到路灯底下找。良久寻不得，路人问他在哪儿丢的。他说，在树底下丢的。路人又问他那为何到灯底下找，该人怒斥之：你傻吗？树下那么黑，我怎么看得见，我不得到光亮的地方找吗？

是的，灯底下更方便，但绝不是有利的选择。你想要找到结果，就必须勇敢地走到黑暗的树下，即使带着一些惶恐和不适应。

再比如耐力与勇气。你要不断去挑战自己的不适应，忍受新模式和旧模式的冲击，即使心底有些恐慌和不确信，也要坚持去克服。打破安全感、承认自己的问题，也需要勇气。

还有自尊。一段时间内，你可能会感觉到自己这么做很没面子，做不出来，很受伤。那么你可能就需要暂时放一放自尊心，去脚踏实地地践行。当你抱持着自尊心而不愿意去做的时候，改变通常很难主动上来。

牺牲被动。所有的问题都是自己的问题，跟别人也有关系，但是都可以通过自己的努力来完成现状的改善。对自己这部分负起责任来，结果起码可以改变一半。那么这就需要主动去做，主动去改变，主动就意味着牺牲了被动。人们习惯于要求他人改变，总是看到他人的问题。而真正改变，需要意识到自己的问题，并主动改变。

要做的牺牲有这些，但不止这些。还有时间，你得用心去学习、感受、认同、内化，而不只是读书或听别人说几个道理。必要的时候是需要付出金钱，寻找专业服务来协助自己的。

然后改变才可能会发生，却也不一定发生，除非你自己愿意努力。

这就像你花钱报了英语班，但是你自己不努力，还是学不会。你花钱买了某本书，但是自己不读，还是不知道。报班并不等于掌握了知识。

心理咨询也是如此。心理咨询师提供他能提供的，你提供你能提供的。改变是两个人共同完成的。这个过程就是彼此提供所擅长的：

心理师提供能量、支持、方法、本质的探索、陪伴、鼓励、监督、矫正指导等。

来访者提供行动、真诚、承诺、努力、实践、尝试、认可、勇敢等。

如果没有心理师的支持，一个人也可以找到类似的角色来代替心理师完成这些支持。如果一个人够强大，也可以自己完成这些支持。只是，一个人如果强大到此，还会有问题吗？

很多人在问问题或者来到心理咨询室的时候，并没有想真正解决问题。他只是想寻求一个方法，然后评估一下这个方法能不能实现他想要的结果及实践这个方法的难度有多大。如果这个方法有些难度或需要一些牺牲，他就自动完成了评估：哦，我知道这个了，然后就没有了下文。仅限于知道，然后寻求下一个方法。直到他找到一个几乎不需要牺牲，可以简单完成，然后实现改变效果的方法。如果找不到就退而求其次，至少可以知道 1、2、3 该怎么做。

这很像是当一个人来问心理师，他就想让心理师替他完成改变。仿佛这个心理师就是个神一样的人物，挥一挥魔法棒，一切坐着就可以改变。

我想到了一样东西可以实现，那就是：仙丹。

而我不是道人，炼不出这种仙丹。我只能按照心理学课程里所设定的，带来访者去体验、感受、觉察，到达悟性反应的层次，跳出来观察自己的问题，反观自己的行为模式，然后自己决定要不要改变。如果要，自己去做。心理的改变，有模式，但是没有固定的模式，更不像计算机一样，输入某个程序，就会有某个结果。

同时，我还会评估，他是真的想改变，还是想找到不需要付出的方法来改变。如果是后者，我会好奇这样的问题：

假如你可以改变，你想要为改变付出多少来实现呢?

有了这个问题的答案，你就知道他可以改变到什么程度了。一个人愿意牺牲及付出的程度，显示着他想改变的愿望的强烈程度。改变愿望强烈，则就直接命中了结果。心理师做的只是陪伴他找方法，甚至不是给他方法。除非他自己找到了方法，不然很难得到他的认同。心理师永远都无法挥动魔法棒，替他去完成。

你永远无法改变一个不是真正想改变的人，正如你叫不醒一个装睡的人。我也是。

不想改变，是因为还有所得。这就是著名的受害者理论。沉浸在旧有的模式里，虽然有诸多痛苦，但是起码感受到安全、熟悉。并且有时候还可以期待他人来改变，这样自己就更不用努力了。我们把这个表现叫受害者，是环境、他人让他困住的，他期待有个神一样的力量可以帮助自己。

不想改变，是因为不想付出。所以，当我问他们"你真的想改变吗"后，根据他们的回答我会讲这样一个故事：

我真的很想从北京去上海，真的真的很想去，但是我不想花钱买车票，我不想把时间浪费在路上，我不想花精力去寻思。但你不能说我不想去，我也尝试过去，我想从较少付出开始改变，于是我跑步去，我跑到小区门口的时候发现我跑到上海太累了，改变太累了。于是我就放弃了努力，但我还是很想去。

是的，你可能一直在为改变而努力，小心翼翼地找方法，就像我曾经尝试从北京到上海，开始使用代价最小的跑步的方法一样。但是如果你想用跑步的方法在不消耗体力、不消耗时间的情况下到达目的地，我想能做到的那个人就是神。

而我不知道这个神在哪里。如果你知道，要告诉我，我也想去拜访下。因为他违反了神建立的能量守恒定律。

宇宙大系统永远是平衡的，付出才有结果。在心理咨询中，改变永远需要咨客两者共同完成，咨询师能做的只是陪伴而不能代替你去完成。不知道这点，神会怎么看。

当然你也可以继续有这样的期待：我不想付出，但我想改变。

别让你的人生一直在一个模式里重复

　　我在课程里会教很多改变的方法，然后这个问题就一直被人重复地问：我知道了这些方法，但是我该怎么改变呢？这些我都知道，可是我的生活依然不能自己做主，我强大的潜意识会把我拉回原来的样子。

　　这就是自动化反应。成长，就是从自动化反应到有意识选择的过程。

　　自动化反应就是无意识的选择。每当发生一个类似的或相同的情境的时候，我们的反应都是雷同的。这种自动化反应也被心理学家称为防御机制。

　　例如，每当我丢了手机，就会陷入抑郁，觉得沮丧，无比难过，继而挫败，觉得什么都做不好。每当我在工作中出错，我也觉得一无是处，什么都干不好。每当我去学习的时候，总是遇到各种各样的高手，把我比得一无是处，捉襟见肘，我就会觉得自己努力了这么多年，还是连人家的一半都不及。在我刚到北京的那段时间，我就是这么把自己整得抑郁的。遇到任何的挫折和困境，我都成功地证实了这个我努力改变的定律：我真的很差劲。

再比如，每当有人否定我，我本能地就想反驳。我会拼命解释：我不是你说的那样。无论他说得对或者错。即使别人夸奖我，我也会忍不住去否定他：我不是你说的那么好。当别人指责我的时候，不用二话，绝对骂回去，而且比他狠。结果把自己气得难受，关系也默默地结束了。

还有，以前恋爱的时候也会这样：每当她不接我电话，我的怒火就会把脑袋烧坏，然后一遍遍地打个不停，直到她手机上显示几百个未接，我还是坚持不放弃，然后满脑子一句话：处不下去了。每当她表现出不够重视我的时候，也会触动我同样的神经：没法相处了。接着就是各种反击，也不接电话，继而冷战，直到她认错。我曾经就是这样逼走了几段关系，然后又埋怨人家狠心抛弃。很多时候的反应不像是个男人，更像是个受惊的小孩子。

还有我一直说的敏感。有些人每当对方表现出不够重视自己的蛛丝马迹，就会自动反应出对方不重视自己，继而像往常一样退缩。

经验给了我们太多便捷，也形成了这些自动化反应，继而让情绪释放，让情绪牵着自己走，陷入更大的旋涡。但让我们痛苦的，恰恰也是这些过时的自动化反应。

痛苦是一种主观感受。世界上只有客观存在，而没有痛苦，只有你的体验会觉得痛苦。客观是不会压垮你的，除非你的应对方式与客观事件产

生了失调。

痛苦的客观来源就是压力事件，那些让我们感受非常不好的事件。当压力源来袭时，我们会本能地调动起经验里习得的模式来应对。或者讨好，或者指责，或者讲讲道理，或者否定下自己，或者干脆逃避离开。这一系列的反应都是为了让自己好受些。如果非要追溯原因，就要追溯到出生后6～18个月的时候建立的矛盾型或回避型的依恋关系里。那时候在和作为世界的代表的父母相处的时候，想尽了各种方式来获得他们的关注，或者大哭，或者示弱装可怜，或者干脆放弃希望以免失望。这些最原始的方式让我们得以在父母那里获得心理营养，继而生存，然后长大。又带着一次次使用习得的方式，并时而得到他人关注，时而得不到。久而久之，就成了自动化反应。

但是社会完全不是当年的家庭，你所面对的人群也早已不是婴幼儿时期的父母。你所拥有的经验反应，已经过时了。你必须重新选择要怎么去面对世界。

也就是从自动化反应走向选择性反应。

打破自动化反应的魔咒，有个很简单、我们都知道却鲜有人去使用的咒语：反思与觉察。

反思就是对思维的思维，对认知的认知。有人叫元认知、心智化，也有人区分反思与觉察，反思就是心智化的过程，觉察就是反思主体，跳出来看着自己在内心里和他人的对话，做自己的旁观者。要是区分这些概念，我可能会把自己折磨死，所以我统一叫觉察了。

当我做错了事的时候，我会把自己推向无边的黑暗，自动化的反应就是跟随着我的情绪进入一步步通过自动化思维来否定自己的过程。觉察就是我跳出这个圈来，看着自己：我为什么要难过？难过是怎么发生的？我是怎样把自己放到这个惯性思维的圈里的？

当我对某人感到气愤不已的时候，我会越想越生气，越生气越觉得这个人有问题，越觉得有问题越对关系感到绝望。觉察就是我在此刻停一下，站到更高的角度来审视下：我为什么要愤怒呢？

听起来像是：某人在宾馆里喊了我一句"老李，你闺女又和别人打架了"，然后我自动化地习惯性地就开始往楼下跑，为了能尽早到达楼下，我加快了脚步。但是跑到一半我停了停脚步，不对，我不姓李，然后我又想管不了那么多了，又被经验里"我要努力"的想法拉着往下跑，又一想，不对，我没闺女啊！然后我还是控制不住地觉得应该先去看看发生了什么。又一想，不对，我还没结婚啊……

觉察就是：停一下，问自己怎么了，为什么要这样？

当被气得难受的时候，自动化反应就是冷战。觉察就是：为什么一吵架我就要冷战？我到底想要什么？

有这一刹那的时间，就开始了新的认知之旅。

这是真的吗？我只能这样吗？这是我想要的结果和方式吗？通过这样我能达到目的吗？最初的经验里曾经达到过，但是长大后发现，100次里已经有90次我是失败的。于是接下来就是更艰难的过程：

选择。如果投自动售货机钱币，它不能百分之一百地给我出一瓶可乐。我除了像以前那样骂它浑蛋外，我还可以选择去商店购买。因为商店里我给人钱，他百分之一百地能给我一瓶可乐。这就是换种方式。或者我选择喝水不喝可乐，或者我换台售货机。总之，方法有很多，只是我的习惯性反应就是认那一台售货机，但我的目的只是解渴。

选择怎么做得更好，这里可选择的路就多着了，随便一件事随便一想，就可以得到很多。

觉察就是这样打破自动化反应的魔咒。然而觉察的过程必然是痛苦与艰难的，以至于我们常常忘记，又中了自动化反应的毒。这个痛苦就是适应。

适应的过程是痛苦的，却也是积极的。历史上清王朝是习武高手，皇家子弟及士兵们每日早早就要起床训练，骑马、射箭、舞刀、弄剑，样样厉害。西方有传道士入境，带来新式武器：枪炮。然而清兵并不适应这个新鲜玩意，于是束之高阁，采用他们已经习惯了几百年的战斗方法。不愿选择新模式的介入，某种程度上导致了1840年鸦片战争的失败，继而王朝灭亡。适应一样新的模式如同适应一个新工具一样，极其不习惯，却必须要去做。

你不需要要求自己面对压力情境即刻做出觉察：此刻，我该怎么做？你只需要在做的时候，多一个觉察，别再让它继续恶化，别再越来越远离你的本意。然后给自己几个选择：我是要继续，还是停止，还是换种方式？然而无论哪种选择，都对应着相应的责任，你选择，你负责。

这也是自由。

自由就是当面对压力情境，我可以不再被潜意识里的恐惧推着自动化反应。我可以做自己的主人，来决定如何应对情境。觉察会让我们体验到存在，而不是再被外界的事物淹没和解离。那一刻，我们成了自己的主人。

你不是 真的想改变

　　我发现很多人想去改变一些事情。比如说让自己的孩子好起来，比如说想改变自己的现状，比如说想走出迷茫，比如说想改善和自己的关系。他们有很多想得到的东西，但是却很痛苦地得不到。有时候我问他们：想得到吗？他们说想。然后我又问：那为什么不去做呢？他们说不知道该怎么做。于是我就开始唠叨以下这个问题。

　　不知道该怎么做的问题。

　　有个人跟我说"我喜欢心理学，但我没有机会接触"，于是，我和他开始了一系列苏格拉底式的对白：

　　丛：为什么没有机会接触呢？

　　他：因为我不是这个专业的。

丛：只有这个专业的才能接触吗？

他：不是。

丛：那你找过方法要接触吗？

他：不知道有什么方法。

丛：你想过去找方法吗？还是没想就觉得找不到。

他：没想过。

丛：那就是一直没有找机会去接触是吗？

他：是。

丛：这两种表达有什么不一样吗？

他：其实是我自己没有去找机会，我却骗自己说没机会。

我见到的一个爸爸也是如此。他的女儿已经开始出现心理问题，非常自闭。在咨询中，我问他："你知道女儿怎么想的吗？"他说："她又不说，我怎么知道，问她她也不说。"然后我就问："你真的想知道吗？"他说当然想。我就问："那你找过方法去了解她怎么想的吗？除了要求她主动告诉你。"他说没有。

这个现象就是一个很有趣的现象：人们想改变，想要一个结果。然后他们想到了一个最简单的方法：希望用最简单的方法来满足自己的需求。这个简单的方法还具有这个特点：不需要自己付出和冒险，他人或环境可以主动来满足自己。当这个期待实现不了的时候，他们就困惑和迷茫了。

再比如说职业困惑，他们渴望一份好的工作，但是又不去找工作。比如说情感困惑，他们渴望一个好的对象，但又不去找对象。

我很想说，实现一个目标有再简单不过的几个步骤：

1. 做个决定，我真的决定去做。2. 找方法，完成这个目标我有哪些直接或间接的方法。3. 去行动，开始我的行动。4. 实现它。

但是我又发现这么简单的道理会被人们弄反了：

人们想要先确定能实现，然后才敢行动。知道了怎么行动，才愿意去找方法，有了方法并且确定这个方法能够实现这个目标，才愿意决定去做。

这就有了一系列的纠结：如果我不能确定我一定会实现它，我就无法决定去做。

其实这就是有的人一直苦于为什么不知道该怎么做，为什么找不到方法，为什么迷茫、困惑的一个原因：还没有决定好去做。

对于学习或考研，是怕考不上而不愿意付出，还是真不知道怎么复习。对于找对象，是不愿意出去花费时间和精力，还是不知道怎么找。对于不知道孩子怎么想的，是不愿意放低姿态认真去找方法，还是不知道怎么去了解孩子怎么想。对于找不到理想工作，是不愿意花费时间和精力去找，还是不知道该怎么找。

到了最后我们才发现，"不知道该怎么做"其实是"不愿意花时间和精力去发现该怎么做"。

再简单说就是：还没有决定去做，当然不知道该怎么做。

我在北京，想去上海。我真的很想去上海，我想改变现状，我想见识外面的风景。我想了很久，但是我还没决定去做。所以，我就拖延、等待，进入等死模式。我也常讲这个故事：某人坐在河边，向着对岸大声地喊："亲爱的彼岸，请你过来吧，我想领略你的风光。"

人们喜欢把责任推出去，我得不到是他人的原因，是环境没有满足我。我想得到，但是环境不给我机会。

　　然后他们再找个更强大的理由：现实残酷，无力改变。然而我想说的是：现实从来都不残酷，残酷的是人类失去了改变的心理力量，形成了习得性无助。当人们不愿意拿回心理力量，找到相应方法去改变的时候，却反过来埋怨现实残酷。这样真的很不考虑"现实"的感受。

　　然后就是：你真的想改变吗？你真的想要吗？你真的想实现吗？还是你只想结果来自动满足你的需求。

　　方法就是先做好前两步，即决定和准备。决定去做，做个关于行动的决定。准备付出，你需要付出时间、精力、财力及想法。

　　然后开始做。你可能找了很多方法，没有一个你满意。你可能找到了一个方法，但是执行比较难，你可能找到了一个方法并且上了路。你不需要确定100%能实现且不需要冒险和付出才愿意去做。

　　毕竟，你不是上帝。你就得尊重上帝设定的游戏规则。

　　如果你真的不愿意付出而得到，那你就这么玩：亚龙在团体里做过一个叫"不愿"铃。当人们说"我不能……"的时候，亚龙就会摇铃提醒他：把"我不能……"改为"我不愿意……"

改变他人 怎样

人到底能不能改变他人？这是一个问题。

无论你想不想改变他人，你都在某种程度上想改变他人。比如说愤怒、受伤，这是很典型的想让他人改变。比如说看不惯、鄙视、受不了，这些情绪也是如此。

无数人在生活中受伤、挫败、愤怒、看不惯，这些情绪大都来自于改变他人的失败，或者产生了改变他人的心。于是心灵鸡汤学家在教人"人不能改变他人，但可以改变自己"来完成自我安慰。强迫自己改变，来适应他人。

我赞同后半句，人应该改变自己。因为你受不了他人的问题，你要求他人改变，终究是自己的问题。他人没有满足自己，不符合自己的价值观而让自己产生了不愉悦，不就是自己的问题吗？他人没有把刀架在你脖子上威胁你，所有的痛苦不过是你自己根据自己的经验产生的一系列的心理活动，是自己根据现象做出反应的这一系列心理活动让自己痛苦了。敢于改变自己的人是不会这么执着于痛苦的，他能看到自己的模式，能够自我满足，能够允许他人和自己不一样，能博爱众生，周济天下，与人为善，笑对人生。这是修养和境界。

有修养的人是不需要改变他人，而不是不能改变他人。

人是可以改变他人的。人只要设立一个目标，往极端里说总是可以通过努力找方法达到的。人类史上太多看似不可能的事情，都被人类做到了。就连"找到一张只有一面的纸"和"一只既死又活的猫"都被德国数学家莫比乌斯和奥地利理论物理学家薛定谔做到了，还有什么不能呢？

用对了方法，人是可以改变他人的。如果你不能，我觉得你需要去检查一下你所用方法的可行性。

在惯性里，人们喜欢用这样的方式来改变他人，虽然无数次失败，但很多人依然乐此不疲：

指出他人的错误和问题，期待他自动化改正。说他这不好、那不对。但是具体怎么做是对的呢？有时候自己也不知道。就是喜欢说他不好和不对。

用惩罚的方式来期待他改变。你不改，我就用生气、伤心、绝交、看不惯等方式来惩罚你。

这我就不明白了。人通过这样的方式怎么能改变他人呢？你能改变的只是让在乎你的人怕失去你、怕你生气而委屈自己满足你。那并不是真正的改变。而在乎你的人你还要这么折磨他，那就……

当你想改变一个人的时候，你是觉得他这样不好、不够好、错了。

总之，就是不符合你的期待。你发现了他的问题，你希望他自己更好或对你更好。你采取了最直接的方法：指出他的问题来。可是上帝不偏爱这种直接，越是看起来简单、容易的方法越是不能够实现。当你指出一个人的问题的时候，首先他未必同意你，因为你们看待问题的视角、经验都不一样。其次他同意了你也未必愿意改，因为你指出他的错就意味着否定了他，被否定的感觉是很难受的。圣人以外的我们宁愿不承认自己的错误，也要拼命维持自己的自尊和价值感。因此，你失败的概率就比较大。

他没有改变，你的指出错误失败，你就启动使用惩罚手段来要求他改变的策略。惩罚分为主动性惩罚和被动性惩罚。

主动性惩罚即通过伤害他人的方式来改变他，想把改变的意志强行加给他。例如生气、愤怒、抱怨、看不惯、报复、怨恨、说教等。他不改变，你就用强大的力量摧毁他、报复他、打击他，让他知道他不改变的结果就是你很生气。然后，你期待他在看到你这么有情绪后就能意识到自己错了，回到第1条里去。

被动性惩罚即想通过自我受伤的方式来威胁他。例如委屈、受伤、自残、绝交、分手、离开、冷战等方式。他不改变，你就折磨自己。通过冷暴力的方式折磨他，你要他知道，他不改变的结果就是你很受伤，这样你就可以引发他的同情和内疚，来实现让他改变的目的。这也是对他的惩罚。直到他意识到自己错了，回到第1条里去。或者你们的关系断裂，或者你这次放弃了改变他。

然而经验表明，似乎你无论怎么使用指错和惩罚的方式，都难以让他改变。所以，为了保护自己，你才会渐渐摸到了一个道理：人不能改变他人。

北风曾经和太阳打赌，看谁能把农夫的棉袄脱下来。北风通过惩罚的方式，失败了。太阳通过温暖的方式却赢了。

铁棍和钥匙打赌，看谁能把锁打开。铁棍通过强迫的方式，很费力气。钥匙轻轻一扭，锁就打开了。于是，铁棍得出了一个结论：改变一个人，太难了。钥匙却说：那是你不懂他的心。

改变一个人就是如此，你通过温暖、懂得的方式，就可以改变他。你通过尊重、倾听来理解他，与他的心产生连接，用爱、关注、懂得、温暖的方式来满足他的渴望，从他的内心深处帮助他看到自己的问题，然后陪伴他一起成长，他的行为就改变了。

因此，改变不是指出他的问题，而是走到他的世界里去跟他一起发现问题，然后教会他怎么发现问题。改变可以经由爱自然地发生，却难以经由惩罚轻松地发生。

这个道理很简单：种瓜得瓜，种豆得豆。种下爱就会收获爱，种下指责和冷战怎么可能收获爱？种下看不惯怎么可能收获他人的改变？反过来说就是：种下自己的改变，收获他人的改变。

自己的改变就是改变自己的行为模式和满足内心渴望的方式。

第一，承认自己想改变他的心。你的态度里含有他不好、他有错的时候，通常你有一颗想改变他的心。你需要接纳并承认自己想改变他。虽然有时候你觉得没必要，甚至会觉得不可能。这些都是你的观点，你观点里的没必要和不可能并不影响你有这样的期待。你想改变领导、朋友、环境，这些都是你内心无助的时候期待他人改变来满足自己。

第二，看看你为什么想改变他。当他改变了，能满足你的哪部分需求。通常人们会要求他人改变，来自于两个最初的原动力：一个是他人改变了，就可以来满足我了，就可以给我更多的爱和认同，他不再是这样的性格，就代表认同了我的价值观；他人改变了，我就不用改变了，我就不用证明自己有问题了。

第三，做选择。你是否依然要改变他。如果你觉得可以换种方式来满足自己，照顾好自己的渴望，那么他不改变你也可以做到，你就是自由的，不会因他人的改变与否、满足与否影响自己的心情。如果你依然决定要求他改变来满足自己，那么你就要选择换个方式。如果你单纯地只是希望他好，希望他可以改变，你也要换种方式。

第四，停止通过指出错误和惩罚来要求他人改变的行为。那些愤怒、受伤、看不惯的方式都不能有效改变他人，以前的这些经验是无效的，因此你需要做的第一步就是停止。

第五，用温暖的方式，走进他的心里，触摸他内心的脆弱，和他产生内心的连接，陪伴他，跟他在一起发现问题，尊重并认可他的人格。帮助他，但没有半点否定和看低。发现问题，没有态度上的责备和批评，只是为了他更好。

当然，你要帮助他人发现自己的问题，首先自己得是一个能发现自己问题的人，也就是你首先要具备自我反思和自我觉察的能力。

总结起来说，你把这三个问题弄清楚了，就可以改变他人了：第一，你想改变他吗？第二，你为什么想改变他？第三，你要选择什么样的方法来改变他？

然后，不要说"你不能"或"这不能"，只有你不愿意。当然，如果你固执地要用惩罚这种看起来最简单的方式，也是可以的。上帝愿意就好，不关我事。

螺旋向上：一个人的改变是怎样发生的

　　心理学到底能不能改变一个人，我也无法做出一个定论，而且很长一段时间内都对这个问题有着无比的迷茫。在当前的市场上，充斥着大量的心灵鸡汤、成功学、成长课程、蜕变训练。很多人在接触了这些东西后，大受触动、感染，感觉像掌握了人生的真理一样，发誓要回去洗心革面，重新做人。但是……

　　接下来和你们所想的一样，该彷徨还是在彷徨，该怎样还是怎样。痛苦没有半分减轻，或者断章取义走向了另外一个极端。所以，很多人在说到心理学的时候望而生畏：这些人怎么越学心理学毛病越多呢？如果心理学真的有用，为什么没有把他改变呢？

　　但你不能说心理学对人毫无改变，甚至不能说一个人的改变是不可能的。国内很多心理师半道出家，班门弄斧，在一知半解的时候就开始传播心理学，结果心理学就成了这个形象。其实改变，和心理学可以有关，也可以无关。因为心理学只是其中一个渠道，用得好就可以改变人，用得不好就会使问题越来越严重。如果不用心理学，改变依然可以发生：一部电影、一本书、一个人、一门学科，甚至一句话都会改变一个人。更或者说，改变人的不是心理学或其他刺激，而是人的内在自我。

改变。说到底就两个东西：先解构，然后重新建构。

所有的改变最后都将以思维改变的方式体现出来。即最终都是以改变你对世界的态度呈现出来——你坚信的价值观和看待问题的视角、思维方式产生了改变，也就是常说的"想开了"。更简单地说，就是你把习得的这些道理内化到你骨头里，并把它活出来，但绝不是你在头脑里掌握了这些道理就可以内化到你骨头里，也就是说只通过想是难以想明白的。心理咨询看起来是"让人想开了"，但它绝不是简单地说了几句道理。它需要经历三个阶段：

顺从。当大家都说你有问题，你也意识到自己或许有问题。为了表现得不那么异常，你会顺从某些道理而生活。比如：人不应该生气，人应该礼貌，人应该努力、勤奋等。至于你的内心是否真的想这么做，那就不一定了。所以，你会用拖延、忧伤、暴脾气来应对对自己的不满。拖延就是意识想干潜意识不顺从而发展出的策略，忧伤就是把自己弄得没力气从而逃避去做，暴脾气其实就是把不想做的事推给别人的一种方式。

认同。似乎读到一句话、掌握了某个道理的时候，你有所思，好像是那么回事。从逻辑上讲，你认同了这个道理，并决心去实践。但你整个经验体系及庞大的潜意识系统并不认同，所以你在执行的时候，会遇到很多挑战，这些挑战与你的经验体系是冲突的。所以，你本能地就会选择听从经验的指挥自动化反应，然后意识的部分又反过来指责自己：我痛苦，是因为我没做好，我没实践这些道理。

内化。认同必须要到内化的阶段。让你的整个人、整颗心、整个有机系统都认同这些道理，让它替代你的经验，完成价值观的彻底换血。

这是社会心理学家凯尔曼（H.C.Kelman）提出的价值内化的三个阶段。很多心理学的课程、成功学的理念都让人停留在了第二个阶段上，而没有进一步巩固，所以才让改变失去了效果，让人成为了"道理懂得一堆、改变没有一点"的人。

真的改变，需要经历的过程较为漫长和复杂，但并不是不可能的。无论解构还是重构，都是个力气活。如果你期待一次性改变和短时间改变，那几乎就是不可能的。实际上一个人的改变，在维吉尼亚·萨提亚看来，需要经历这些才能完成：

1. **现状阶段的失衡。**也就是现在的状态，可能有些失衡，工作、情感、关系、心理状态等方面出了点问题，让你感觉到有些彷徨，想寻找新的平衡。这时候你会刻意去关注如何改变。请注意，如果你没有失衡，很安心于现在的状态，改变通常是较为困难的。因为改变是打破现在的状态，重新构建平衡的过程。如果一个人本身现在感觉很平衡，那么打破就是困难的。因此我们常说：一个不想改变的人，改变是非常困难的。

2. **外来因素的刺激。**外来因素可能就是一堂课的刺激、心理师的一个点拨、书里的一句共鸣、他人的一个警醒等等。这些外来刺激的作用，主要是打破系统的平衡，冲击原来的价值体系，尝试对你进行解构。但是这个刺激只有触动到你才叫刺激，也就是与你潜意识里根深蒂固的固有经验思维产生碰撞和冲突。你坚持了几十年的思考方式居然和这个外来刺激所呈现的不一样，而且貌似你的头脑逻辑告诉你，它说得还很有道理。你的内心像平静的湖面，突然落下了一块石头一样，惊起了一点波澜。在这个阶段里，你开始尝试接触外来刺激，并试图认同它。就像抓住了一些可以救命的宝盒，企图打开宝盒一看究竟。于是，外来因素企图从意识进入潜意识。

3. 混乱。如果你的心像冰山一样，那么你将经历的就是一堆火焰。我在做课程的时候，经常会有学员分享说"感觉以前的经验轰然倒塌，觉得有些失意，像是无依无靠一样"。通常我会恭喜他们，因为他们进入了混乱阶段。混乱就是外来因素被认同后，开始尝试内化。就像体内植入的某个元素一样，需要经历一段时间的排异反应，最后完成认同。混乱有时候是痛苦的，当你发现你以前惯用的那些方法都不再起作用，当你发现通常的争吵、冷战、自卑、逃避等方式都对解决问题毫无益处，你需要建立新的方式才能完成自己想要的结果。一方面，你想用你安全习惯的方式来应对，另一方面你又明白其实你可以通过另外一种途径来做。你纠结于到底该怎么做，你挣扎于要不要那么做。那种感觉，不亚于先把方便面干吃下去，然后又倒了一杯热水进肚子，最后把调料干吞，在肚子里混合下。虽然你期待泡方便面的味道能上来一点，但是那个混合的滋味一点都不好受。混乱也未必都是痛苦的，当你原来状态的痛苦程度大于混乱的痛苦的时候，你是微微幸福的。因为新元素的刺激，至少给了你一棵救命草的感觉，让你看到了希望而感到　丝甜美。

4.**整合。**在经历了复杂的心理斗争后，你才开始去整合。通过对旧有的经验和新的思维模式进行加工，成为自己新的价值体系。这个新价值体系就像是一个新生婴儿，让你感到一丝曙光，感觉到有些安详，像是重生了一样。你将重新去看待周围，重新去生活。并不是所有整合都是成功的，你很可能会失败，然后你的潜意识又把外来元素排斥出去，让它回到意识的大脑里，使你在意识上知道这些道理，但是潜意识并不认同，于是你只是顺从或认同这些道理，而没有内化。整合就是重新建构自己的价值体系。

5.**练习与实践。**然后你开始去滋养这个新生儿，让它慢慢在社会生活里学会适应，长大，直到它像原来的经验体系一样庞大。你就完成了重生，形成了新的现状。

当我们把改变的过程进行肢解，其实会发现它是可能的。只是它不是一步到位的。经历混乱的时候，必然有些外来因素的刺激被潜意识排斥出去，只剩下一小部分，而你只能内化一小部分，整合成的新的现状里并不全是新元素，而是大部分旧有元素与小部分新元素的融合体。但是当你回首，你会发现你已经进步了一点点，然后你会在新的现状里再接受新的刺激，再混乱，然后整合，再去实践。如此一步步前行。

改变，是个螺旋向上的过程。螺旋向上就是：在你接受到新刺激心情大振的时候，你以为进步了10步，在一小段时间内感觉非常良好，完全按照新学习的模式来行事，但是那是表象，是你因为认同而对自己的行为进行了强制执行，并不是内化。内化需要你经历了混乱和新的整合才能完成。而在这两个阶段里，你旧有的经验就会把你拉回去9步，于是你会有这种感觉：没什么用，又回去了。这个回去只是跟你接受完新刺激的那段时间比，其实跟你旧有的状态比，你还是有所进步的。

这就是螺旋向上的改变，因为新刺激暂时进10步，再由于混乱与整合退9步，新的现状就只比旧的状态进步了1步。

而有时候进步的这一步，外人甚至自己都有些难以觉察。如果你期待一个人学了心理学，就有100步的变化，像变了一个人一样，那你对他的观察就是没有任何改变。很可能只是它停止了成长的步伐，固守在新形成的模式里没有继续接受新刺激，继续混乱整合。只前进了1步就沾沾自喜，而这个沾沾自喜又会阻碍前行。

所以改变，就是一步步来的。急不得。

这也是成功学、保险公司的培训等不断做的事情：持续给你新的刺激。而我们没有强制体系的时候，就要自动去寻求新的刺激，不断学习、成长、混乱、改变。

但这起码是可能的。于是，剩下的问题就回归到我一直强调的两个问题：

你想改变吗？

你想付出多大来改变？

你可以先回答完这两个问题，然后再去考虑要不要改变现在的自己。

1. 工作很忙吗?

朋友说，感觉压力很大，很想回老家。究其故，原来是工作非常努力，认真，尽责。手上做着好几个项目，每天要处理琐碎的工作，还要维护跟领导、客户、下属的关系，感觉精疲力竭，非常疲惫。领导是个完美主义倾向的人，对工作要求也比较高，他很想趁年轻的时候多累积点资本，但是却感觉力不从心。我给他做了一段时间的咨询后，慢慢梳理出了这样一个思路：慢就是快。

想起我曾经的一个领导就是这样，很无奈地每天加班：你们这么不让我省心，我能怎么着?

可是我觉得，知道如何停止的人，才能知道如何加速。

我很想说说这个话题。因为这几乎是这个城市甚至这个时代的通病：工作很努力。不满于手上的项目，会自动寻求多一个项目。或者当领导增加工作量的时候，不懂得拒绝，觉得应该把本职工作做好。当被加班的时候，欣然或无奈地接受。每份报告会检查很多次，避免出错，即使知道这样的检查其实不怎么必要。每件事情都要做到最好，为了做到最好付出更多的时间和精力。总之，这是一个鞠躬尽瘁、努力上进的好模范。

而且，还有一个让自己很安慰的理由：责任。

我就很想说，一个人很违心地做事情，就是负责？让自己越来越累，越来越讨厌工作，就是对工作负责？对自己的心都不负责的人，可以对工作负好责？我所理解的责任，就是不喜欢做的时候就拒绝，让更适合这个工作的人来完成。不能做好，起码不要占用。所以，不要用"责任"来安慰自己的忙碌，借以实现逃避思考和停下。

2. 努力是种病。

也许是我病了，我觉得努力是种病。

我隐约感到这种努力的背后，代价是极其隐晦却惨重的。任何付出都有相应的代价，因为一个人的精力和时间都是有限的。当把时间和精力较多投入到工作中的时候：

家庭及伴侣关系会失衡。家人或恋人感觉到了你的冷漠与不关心，你会把工作中的情绪不自觉地带到另外一个人身上。如果有小孩你就完蛋了，依恋关系建立不良，安全感匮乏，对小孩是致命伤。很多男人会由此抱怨女人：我赚钱养家，你怎么就不能照顾好孩子呢？女人也会抱怨：我每天工作那么累，你为什么都不关心和体谅我一下呢？

个人生活会失衡。那些你所感兴趣的书法、绘画、烹饪等爱好都会相应地打折扣，这也就意味着生活渐渐丧失了相应的情调和调整，只能浅尝辄止地去做一点或不做了。当生活失去了调整心情的事物的时候，麻烦就来了，整个人就会找不到存在感，每天很努力地应付工作，但是失去了存在感，不得不努力，但是却找不到努力的动力。努力成为一种自我强迫，心情会更加糟糕。内心本来有团炽热的可以燃烧生命的火，现在被打入囚笼里奄奄一息。

失去了反思和觉察的时间。这个更糟糕，当你把精力大部分放到工作、小部分放到照顾家人的时候，你已经没有精力照顾自己了，更没有精力去反思现状，总结工作，洞察人生，提升智商、情商、灵商等一系列商值。这就意味着你只能去应付工作，盲目奔跑，而没时间停一下，反思一下是否处在正确的方向。这时候你不是在工作，而是在被工作，你正在被工作推着走。失去了反思的时间，代价是巨大的：专注能力下降，喜悦指数下降，直接导致工作效率降低，然后反过来再责备自己为什么不够努力及为什么不够专注，然后占用更多的精力和时间去工作，陷入恶性循环。

创新能力也会失去。一旦工作被努力，愉悦轻松工作的心情就难以保持，而失去了愉悦和轻松，创新也就成为了奢谈。不能打破旧有的框架，不能寻找新的出路，不能标新立异、出奇制胜，只是在已经重复了多年的工作经验上再次重复，于是有人说：你不是有多年的工作经验，你只是把一个经验重复了多年。然而工作的灵魂却是创新意识，当这个失去的时候，你的可替代性就变得非常强。于是你只能被定义为一个劳动模范。

身体免疫力降低。这个可能比上面的更糟糕。努力就意味着要损耗大量的精力，需要长时间保持某个动作、过度耗脑，甚至需要用加班与熬夜来完成。当发动机拼命运转的时候，发热就过快，损耗过大，离退休也就近了。大脑被过度使用的时候，也会发热过度。大脑自发的保护状态就是反应迟钝、记忆力下降。这时候你还不让大脑保护自己，那你的身体只能调送能量来供给大脑，服从你的命令。于是你会发现出现了很多年轻的老头，他们只有二三十岁，但是却目无光泽，免疫力低，未老先衰。或者这么说更恰如其分：又老又丑。

工作效率低。当你生活、身体都失衡的时候，你的工作会受到相应的冲击。人生是个系统，多方面相互作用。后院起火的时候，前线的力量也会大打折扣，然后你会陷入更加焦躁不安的状态中：工作做不好，生活处理不好，身体在变差。然后你更焦虑，更努力，恶性循环。

当然，人们这么努力地想做好，也会有所得的：人们的经验会告诉他，这样比较容易获得成功。老祖宗和我们从小的教育就充满了这些："吃得苦中苦，方为人上人""书山有路勤为径，学海无涯苦作舟""学习如爬山，爬山必有难，难中必有苦，苦中必有甜"。整个文化教育体系里都在宣扬一种努力吃苦方为成功的教育。于是，我们拼命努力，假装可以成功，至少可以让自己心安。让你相信，你可以通过自己的努力改变自己的命运。

我从来不反对人通过努力来改变命运。但是这么拼命努力，总感觉哪里不对。

3. 比努力更好的方法就是"不努力"。

但我渐渐发现，比努力更好的方法就是"不努力"。因为不努力才能更好地努力。当然不努力不是放弃，而是学会顺其自然。

朋友若有所思地说了句：我只把我该做的做好就行了。

我说，完了，你所受的教育真正地限制了你。不是把该做的做好，而是把想做的做好就行了。一个有努力意识的人，他会把很多事都划分为自己的责任范围，觉得都应该做好，那么他应该做好的事就非常多。即使他非常不想做，也会强迫自己做好。像曾经工作的我，觉得打扫好卫生、每天准时上下班、按规定打卡、完成领导布置的工作是应该做的。那么把应该做的做好，人就已经需要很努力了。

如果一件事需要努力才能做好，那么这件事根本就不值得你去做。你真正想做的事，是不需要努力的。当我花了很多钱报了个兴趣班，我会早早就到达去占座，这时候我根本不需要努力早起，我自动就醒来飞奔到上课的地点。当我脑子里产生了一个想法，我根本不需要努力把它写下来，我根本难以控制自己想打开电脑把它敲下来，即使是半夜很晚的时候。当我想对某个女孩子好的时候，我自动就会忍不住想关心她，每隔两分钟就刷新一下她的微博，根本不需要努力关注。当一件事需要努力才能做好的时候，只能说明你的潜意识是抗拒的，它不想做，是你非要逼它委屈下去，让你意识里的超我发挥作用，你的强大的理性非得把你的本心打死。心底压根就不想做的事情，为什么要反其道而行之折磨自己呢？

也许你会说，对工作有热爱和兴趣是难的事情，而你要生存，要为工作负责。而我却只能说这是你折磨得自己太累了。即使对工作没有那么爱，假如把你现在的工作量减少一半，你会做什么？你会很轻松地把现在的工作做好，不需要太努力，依然保持愉悦专注的心态，并且自动想做得更好。**我所理解的责任，应该是在能力、精力、职责范围内把事情做好，而不是做到最多。**

也许你还会说，工作繁忙，领导命令，不得不采用耗竭的方式完成大量工作。我只能说，你太善于把责任推给领导或环境，而失去自己的主动权了。作为领导，拼命给你安排工作是他的责任和权力，是他该做的事。而你的责任不是无条件地服从，而是选择一种能力范围之内的接受。拒绝，是你的权利之一。尊重现实，你的确在能力和精力范围内都做不好，你的确有个人的生活需要处理，无法加班，你可以拒绝加班和拼命。虽然领导会有意见，但是他有意见是他的问题，你要照顾他的感受，那就只能放弃自己的感受了。如果你怕会被炒鱿鱼，那只能说你过于努力而丧失了专注和创新，让你的可替代性太强。一个好员工绝对不是服从命令、努力工作的人，而是让领导又爱又恨、讨厌又离不开的人。因为他有主见、有想法、有灵魂。

这也是我想说的，**当你放弃努力的时候，你才可能真正做好，才可能真正为工作负责。**

对工作的负责是拿回主见、想法、创新、灵魂、轻松、愉悦，在一个工作点上精进，而不是大工作量。而调整完成前面一串心态的动作就是：减负，拿回时间。因为当你有时间时，你才可以做到以下几点：有创新与主见。只有有精力，你才可能精进，才可能有自己的想法。

有愉悦的心态。愉悦的心态不仅来自对工作的得心应手和从容，还来自对生活的热爱。当你拾起对生活的热爱，有时间陪家人，有时间写书法，有时间做烹饪，有时间调节生活，让自己的生活保持一种乐观开朗的状态，并把这种愉悦的心态迁移到工作里，在工作里也会很享受。

有能力。能力除了练习外，还取决于你的悟性、知识范围、人际广度。你有了时间，才能静下来，才能去读书、思考，参加活动认识人。

而这一切都会反哺你的工作，让你在工作中有更多的资源，可以做得更好。所以这才是一种脱颖而出，一种负责的方法。老祖宗说过：磨刀不误砍柴工。

但是代价也是有的。我一直会说到，打破一个旧模式，进入一个新模式，需要启动无安全感来作为支撑。给自己减负、删工作量、拒绝领导等，是一件很需要克服安全感的事。不仅意味着会遭到领导的嫌弃、不爽，还需要克服自己一段时间内收入相对降低的困难，甚至担心被辞退。实际上单位招人成本过高，除非员工行为过分，单位一般不喜欢辞退人。有被辞退担心的人很可能不懂得换位思考，站在公司的角度去考虑。招你进来及培养你成本都很高，谁喜欢主动放弃呢？何况你只是减少工作量，并不是不工作了。

4. 慢比快更容易成功。

慢下来，你才懂得生活，懂得开始，懂得进步。哲人说，选择大于努力。成功不是你有多努力，而是在每个选择点上你都做出最佳的选择。而最佳的选择则是建立在充沛的精力、良好的体力、愉悦的心态上的。这就要求你：慢下来，给工作做减法而不是加法。

我曾经有两段时间非常忙，但是不怎么快乐，效益也很低。一段时间是在我的第二份工作里，我非常努力，上班时手里的项目比同事都多，下班时还兼职给杂志写稿子。我常常晚上还在床上抱着电脑工作，然后抱着电脑睡着，并暗暗欣赏自己这么努力，每天工作 16 个小时。一段时间是我辞职在家后，信心爆棚，接了一本书稿，没日没夜地写，然后被否定，然后不甘心更努力地写，最终写了近10 万字，依然无疾而终。这两次我都很努力，但显然我违反了劳逸结合、停才能走的原则。后来，我绝望地暂停了写作，反而时不时冒出灵感，忍不住有要写的冲动。后来，我写得没那么疯狂了，却发现更受欢迎了，质量高了。这件事让我真正明白，质量比数量更重要。而质量不是取决于多努力，而是在**多精神饱满地愉悦地去做。**

　　人可以做自己的领导者。最好的领导者绝不是像诸葛亮那样鞠躬尽瘁，而是像司马懿那样耐得住寂寞，审时度势，敢于回家休息几年。所以，纵然司马懿在战争中屡战屡败，但是最终却赢得了整个三国。最好的工作者不是在前线冲锋陷阵，关注当下的任务量，而是能跳出来站到更高的角度看待长线，从长远的角度来布置现在的工作，能够跳出现状并反思，然后重新选择。只有受害者角色才会觉得生活无奈，身不由己，无法生活只能生存。

　　记得，你才是自己的主人，你才是生活的主人，你才能为未来负责，你才能为自己负责。换种方式，逆向思考，你就能拥有世界。

　　放慢节奏，才能快速奔跑。

个人可以悄悄把它打开，期待有人看到内心柔软的自己。我不必去言语，他就可以知道，并照顾到。那是一份多么美丽的期待。这个世界上，能有这样一个人，定是知己或恋人。能有这样一个人，很多人觉得不枉此生。然后延伸出了很多美丽的期待：我只想有个人能懂我；我不需要你有房有车，我只想不离不弃。

"有个人能懂我"，只是个美好的泡沫。不过是再次想要我们来到这个世界上时最需要的那个人——妈妈。出生之始，我们无法言语，我们的需要只能通过妈妈天生的敏感和默契来发现，并无条件地被满足。那时候我们几乎不用付出就能得到。后来，我们长大，依然需要这样一个人的出现来填满这个空白，不需付出就能被完全满足，给予我们妈妈一样的爱。于是就成了：你若懂我，该有多好。

这是人类共有的深深的渴望：连接感、绝对关注。

当一个人做到的时候，其实就意味着你成为了他世界的中心，你退化成了婴儿一般。你可以肆意地汲取心理营养，而不必想着怎么表达和索取，因为你的心一动，你就可以被满足。这满足了你极度的自恋感。

但显然，很少或者没有人能够做到这样对你。当你长大，你终究不是世界的中心，也遇不到一个和你有着同样成长背景的人，所以，他不能根据你的成长经验来完全理解你内心的想法。因为你们的经历不同，所以，你们之间就会有偏差，他不可能完全懂你。

当你长大后，妈妈可能也做不到了。你开始接触社会，开始经历家庭之外的经验，妈妈也不是那个曾经在你婴儿期最懂你的人了。于是，这个世界上只剩下一个人可以做到，那就是你自己。

你才是最可能懂你自己的人。你才是那个"你若懂我，该有多好"的人，你才最了解自己心底的想法，最知道自己心底真实的秘密，最不会欺骗、背叛和离开自己的人。只是，你真的去认真了解自己了吗？如若你自己都不懂自己，那其他人懂你就更难了。如若你自己懂得了自己，为什么不去照顾自己呢？照顾好自己的食物和精神需求，自己去寻找，自己来满足自己，悦纳自己，欣赏自己，成为自己的重要他人，让自己开心，和自己在一起，与自己的心对话。

你会发现，其实和自己交流是最美妙的事情。我始终觉得，自己满足自己的心理营养是世界上很神奇也很简单的事情。

所以，你可以自己先懂自己，填满内心的空缺，和自己恋爱。那么你就会长大，成熟。你就会以成人的眼光看待世界，而不再期待着世界上会出现一个人能像妈妈曾经那样来无条件了解你和满足你，你可以成为自己的妈妈。

你需要一个懂你的人，只是因为你内心缺乏非常有安全感的爱，也就是绝对关注。

这只是你内心的匮乏。对于有个人把你当成世界中心的匮乏。

但你有没有想过，你并不是世界的唯一，众生和你一样。当人们长大，都是一个孤零零的个体存在于世界上，也都需要、都渴望回归到婴儿一般，无论男人或者女人，都渴望那种绝对关注，都希望有个人可以在不需要努力通过语言和行为表达就能满足自己。

那么，如果有人来满足你，谁来满足他？你们两个都需要、都匮乏的人，谁来先满足谁呢？

所以，你可以换个角度，当你能够填满自己的空缺，可以用一个成年人的眼光去看待他人，不再把自己封闭在那个角落里，把心打开，然后把心交出去给另外一个人，去感受他的呼吸、他的心跳，去带着好奇和他连接，去感受他的内在，你会发现，他也有颗脆弱

第二部分

把爱给出去，

理解你的他（她），你就收获了幸福

你若懂我，该有多好

每个人都有一个死角，

自己走不出来，别人也闯不进去。

我把最深沉的秘密放在那里。

你不懂我，我不怪你。

——《你若懂我，该有多好》

网上流行这个段子，我很感触。我不知道这是不是莫言先生写的，但我知道这代表了很多人的心：你不懂我，我不怪你；你若懂我，该有多好。

我也知道这八个字非常流行，是很多人内心的一个显性的或隐性的期待。那感觉是把自己尘封在一个无人问津的角落里，期待有的心等待着你去看到。你会惊讶于人性的脆弱，你会心疼，你会感动，你会想像妈妈一样爱护那颗脆弱的心，就像你看到路边酣睡的小猫一样，忍不住去抚摸和照顾。然后，你就成了懂他的那个人。

结果便成了：我若懂你，该有多好。或者：我能懂你，该有多好。

一颗被懂的心就会慢慢被修复，酥软，敞开。像一只被放到安全环境里的小乌龟一样，慢慢探出了头，望望这个世界。于是他也被填满的时候，就会反过来走向你、看看你，于是你会被填得更满。

这才是真正的爱：杯满自溢。然后对方也会被填满，反哺于你。

前提是，你要先把自己填满。当你把自己填满的时候，你才不会产生那么多的期待向他索取。不会说出"我都为你付出了这么多，你怎么都不知道为我付出""我努力理解你，但是你一点都不愿意理解我"这样的话。索取给人压力，索取让人后退，索取让人的心更加封闭而不是敞开。一颗不索取的心，就是一颗填满的心，一颗敢于付出的心，才是有力量的心。被填满和滋润的一方，没有理由不向你敞开、走向你。这是人性使然，人在安全和被人懂得的环境里，就会自然舒展开来。

你们就是神仙眷侣，或者高山流水。

你们任何的争吵、分歧都是喜悦的。因为你们都愿意走入对方的世界，然后懂得。

最初那个呼喊"你若懂我，该有多好"的人，不过是个躲在角落里索取的人。与其这样，不如走到阳光里去，做个付出者、照亮角落的人，那么，你就是全世界最富有的人。

"你若懂我"始终不如"我若懂你"和"我能懂你"来得好，更让人觉得美妙。

你以为的爱，
其实就在你手上
————

感情是一场复杂的游戏，复杂到你总是捉摸不透。

你们的距离，就像冬日里相互取暖的刺猬一样。你靠近，他就远离；当你远离，他就靠近。你对他很好，你很想跟他走得近一些，融化到彼此的内在，但是当你靠近的时候，他似乎在逃避你，拒绝靠近，有时候他会脾气很差，莫名其妙地发脾气，有时候会对你爱理不理，他想用这样的方式来拒绝你的靠近。可是当你犹豫着要不要放弃的时候，他又来找你，对你很好。

有时候你觉得，感情是个鸡肋，拿不起，放不下。

倘若他说你们可以一辈子走下去，那么付出很多也是值得的；倘若他说你们不合适，你再伤心、难过，几天也就可以过去；倘若他告诉你他有什么顾虑和瓶颈，那你们可以一起去克服，然后走向真爱。可是他什么都没有，连态度都没有。

甚至你会怀疑他是不是在戏弄感情。为什么你一片真心，仍然走不进他的心里？

你知道不知道，他是真的爱了。只是，**他害怕。因为，他有伤。一个拒绝被靠近的人，是一艘带着伤的航行在大海上的船。**

这些伤可能来自于他的前任，他曾经那么信任一个人，那么愿意为一个人付出，那么愿意坚信两个人必然会在一起，可是却受到了深深的伤害。他曾经告诉自己，自己不会再有心了。以后他无论多爱一个人，都不会再去那么信任她，那么毫无保留地付出了。从此，他锁上了自己的心门，不允许任何人撬开。或许时间久了，他也忘记了，忘记了早已把心扉的门锁上了。从此之后，他害怕别人走进他的心，因为那意味着伤害。

这些伤也可能来自于他的家庭。单亲家庭的孩子常常会被潜移默化地教育男人不可信，女人不可靠，那么男孩长大后就会拒绝女人走入他的内心。他可以跟你很好，但是你却总跟她有一段距离跨越不了。受过伤的家庭，常常会被教育出扭曲的价值观。他因从小目睹感情破裂的悲剧，内心里也会留下对感情恐惧的阴影。

这种伤害甚至只与自己有关。害怕真实的自己暴露后，就不被喜欢了。这种伤害来自于从小就隐瞒真实的自己，只在别人面前表现自己优秀的一面。

当你尝试靠近他的时候，他的感觉并不好。或许他没意识到自己是怕受伤，他只是感觉很不舒服，很不自在。这种感觉，像是自己的世界被侵犯了一样，失去了自己，失去了自由。像是被束缚、被控制了一样。因为你是作为一个外来体的进入，而不是他的一部分的进入。作为一种外来元素，他会拒绝你融入自己的内心。简单说，你带来的并不是安全感，并不是让他感觉到无论展示哪一面、无论怎么表现你都笑着接纳的安全感。

带伤的人是拒绝他人走近的。当你尝试走近的时候，会激发他全部的防御系统，会触发他的不安全感，这是他潜意识里的反应直接引发的行为，或许他不想这样，但是他控制不住。你对他越好，他越感到害怕。他害怕你走进他的世界，害怕你伤害他，害怕你因为知道了真实的他就不喜欢他了。所以为了保持安全感，他要保持和你的距离。

当他害怕的时候，他就脾气大。他骂你，冲你发火，说难听的话，刺激你。他的目的只有一个，他想用发脾气的方式来控制距离，来阻止你走得更近。他只想给自己一个安全的距离。

如果他是一个善良的人，他会选择直接逃避，对你的好表现得无所谓，甚至拒绝你的好，经常对你不理不睬，假装把你遗忘，假装不在乎你，经常放你鸽子，把你晾着。他所有的行为只是想告诉你，你在他心里其实没那么重要，你们的距离没有那么近。他不会把你放到第一位。

然后你会受伤。你觉得自己付出的是真心，得到的却是一片伤。**你觉得自己一直在努力，已经很努力了，可是你的努力就像压弹簧一样，努力越大，阻力越大。**在你感觉看不到希望的时候，你想放弃努力。

很奇怪，他又主动找你，好像没发生什么事一样。依然跟你说笑，依然对你好，依然找你玩。只是当你问到那个敏感话题的时候，他依然拒绝回答，支支吾吾。你却纠结了，他为什么还要对你好，使你无法放手。

因为他是爱你的，当他不恐惧的时候，他想好好爱你。他在安全的时候，他是可以付出爱的。他并不想失去你，所以他要留住你。他也不想你伤心，所以想对你好。每次他对你不好的时候，其实他是带有内疚的，因为他并不想那样，他只是控制不住自动的反应。所以他想好好补偿你，对你好。

可是当他对你好的时候，再次点燃了你的希望，你又想好好待他，重新走入他的世界，他又发脾气或不理睬，然后循环。你们的关系就像一场拉锯战，总是在那个距离里，没法更近，也没法更远。

你讨好他，对他好，他就指责，对你不好；你绝望地离开，他又来讨好你，对你好；你再讨好他，对他好……这样一个流程在循环。

对于他的恐惧，你没有别的办法，你只能通过你强大的爱来融化。

你能做的，就是当他对你好的时候，你笑着对他好。当他对你不好的时候，你透过他的行为看到他内心深处的恐惧，然后对他更好。当他通过各种行为来保持距离、拒绝你靠近的时候，你只须静静地看着他，你可以看到这些行为的背后，并不是针对你，而是有一个很脆弱的他在无力地呐喊，你不需要认同他的这些行为，因为这与你无关，那只是他的恐惧。同时你不需要感到沮丧，他的恐惧只是在呼喊爱，呼喊安全感。你可以看到他像个小孩子一样，只是在用这种方式保护自己，他需要却不相信别人的保护。

当你的爱强大到超越他的恐惧的时候，你就可以打破这道障碍，走到他心里去。

我们要不要

戴上面具来适应社会

　　朋友说，生活特别累。在社会上混，你不得不学会伪装自己，带上面具生活。朋友说，他知道自己的缺点，只是不想改变，不想变得不像自己了。他还说，觉得自己世俗了。那些阿谀奉承的人，他学不来也不想学。

　　于是，我看到的结果就是，他在一直逃跑，期待换个环境，期待有一个地方可以开心、温暖，大家可以和谐地表现自己而不必虚伪，可是他始终没有找到。

　　性格面具就是你要在大众面前呈现出来的样子，类似于印象管理。你想通过刻意地做一些事情，让别人知道你是一个什么样的人，好对你有个好印象。在职场上、社会上再常见不过了，那种见人说人话、见鬼说鬼话的人通常能拥有较好的人际关系，也总是会遭到些人的看不起。

如果说改变，谁都不想改变。我们都想由着性子来，希望别人可以接纳这样真实的自己，自己就可以善良地敞开心扉，和谐地和别人相处。可是没有。

我们探讨了很久什么是"真实的自己"。

他认为，不主动、腼腆、不强势、不争强好胜、不计较、不受委屈，这就是真实的自己。那么相应地，明明讨厌一个人还要笑脸相迎，明明有人讨厌自己还要假装没事，明明某人在暗地给自己穿小鞋还要假装感谢，这些就不是真实的自己。在他眼里，有些人就是跟自己不一样，甚至是坏人。于是，他扛着"道不同不相为谋"的大旗来成功地与一些人疏离，当这些人过于强势的时候，他表示既不愿意争斗，又不愿意委屈，于是只好辞职离开。

他只想做回真实的自己。

聊着聊着，我发现他会把自己某一部分性格等同于全部的自我。也就是只有性格 A 才是真正的我，你只有接纳我的 A 性格你才是接纳我，我只有表现出 A 来那才是真的我。其他的都不是我。极端地说就是，自私才是我的本性，可是我在社会上生存必须遮盖自私，戴上善良的面具强迫自己善良。善良的我就不是我，只是我学会了伪装。

我还发现，他很聪明地意识到了自己的缺点却不愿意改，因为他不想失去自我，变得不像自己。也就是说如果性格 B 是适合社会生存的，他就必须学会 B，学会 B 就意味着放弃 A。于是，他就成了 B 一样的人而不再是 A 一样的人了，他觉得委屈。在他的世界里，人只能有一种性格，非 A 即 B。

然后，我讲了一个不是很好笑的笑话，他居然笑了。我出生在语言为中文的国度，我认为讲中文的我才是真正的我。所以，我要坚持做自己，当我遇到美国人的时候，我发现我们的语言不同，可是我又不愿意放弃我的语言使用英语和他交流。于是，我们"道不同"。我又发现我不能很好地和人交流很痛苦，我意识到了我的问题就是语言不通，我很挣扎要不要为了适应他们而放弃自己的语言，使用他们的语言。如果那样，我可以活得很好，但是我却不再是我自己了。所以，即使痛苦，我也不愿意改变，我坚持原来的自己，使用中文，并远离那些和我语言不同的人。与此同时，我还很看不惯那些见风使舵的人，他们居然见什么人就用什么语言，只知道迎合别人，虽然这样会有很好的人际关系，但是我依然对他们很不屑。

他笑是因为，语言和自我有什么关系？你使用什么语言都不影响你还是你自己，你使用其他语言不代表你就放弃母语了。自己讲不好英语还看不起别人讲得好。

那性格又有什么区别呢？

不主动、腼腆才是自己的语言。外向、低头、说别人喜欢听的话就不是自己了？就成了面具了？我们称之为面具，是因为我们不接纳自己是这样的人，然后又无奈于环境不得不做这样的人。归根结底我们还是不接纳的一种自我强迫。

有原则的我是我，没原则的我也是我。内向的我是我，外向的我也是我。我的本质没有任何变化，只是多掌握了一种性格，在不同的人面前使用不同的性格而已，这些都是我。我在某人面前外向，不代表我就不再是内向的人了。我对某人讨好，不代表我就是一个没有尊严的人了。我的自我没有任何变化。

性格不仅只有一种，某种程度上来说，我们都是分裂人格。我们的人格会在不同的情境下有不同的表现，就像我们在家里和在单位会不一样，面对朋友、父母、恋人和陌生人的时候表现也不一样，在安全的环境、陌生的环境及正式的环境又不一样。我们正是因为运用了不同的人格侧面才得以存活到今天。但是，如果你有多重人格，而且这些人格间不能自由切换，相互独立，彼此分开，那你就是多重人格障碍。作为正常人的我们，有能力自由地管理这些多重人格。

因为**性格属于我，但不是我。我就像管理我的情绪、想法、衣服、语言一样，管理着我的人格特质**，并且偶尔犯傻的时候把这些当作我。就像某些时候，有的人说我的衣服真好看，我就感觉好像认同了我的本质一样。

我可以拥有很多种性格，但这些性格都只是我的一部分，而不是我的全部。当我被接纳，并不是只有我的某种性格被接纳我才是被接纳的，也不是我的某种性格不被接纳我就是不被接纳的。人们不喜欢你的某个方面，并不是不喜欢你了。我妈妈不喜欢我搞心理学，不接纳我的爱好，但这并不影响她喜欢我和接纳我的人。我只是拥有我的性格，但我不是我的性格，就像我拥有我的语言，但我不是我的语言一样。

性格也是习得的。不排除有些遗传的因素在里面，大部分都是后天习得的。你可能生在一个比较严厉的环境里，就会变得比较内向。可能在你的教育里要学会争取自己的利益，因为没人会保护你，你就会习得强势。这是我们学会的比较习惯的性格，像我们的母语一样。我们长大了，可以学习另外一种语言，可以学习另外一种人生的活法，可以学习赞美别人，可以学习为了照顾别人的感受而说点谎，可以学习接纳和宽容，就像学习另外一门外语一样。

我们习得这些，不会改变我们的本质，也不会使我们原来相反的性

格没了。我们此时有了多种性格，我们的人生更宽、更丰富了，技能更多了，我们懂得面对不同的人可以用不同的性格来交往。这不是很好吗？

所以，无须改变性格，只是增加一部分内容而已。面对不同语言的人，就可以讲不同的话、使用不同性格。你从来不需要改变自己去适应什么，你只是可以选择不同的生活。

我们每个人生来相同，都是同一宇宙生命力的见证。我们每个人在本质上都是相同的，只是环境和教育造就了不同的性格，同时，我们也可以发展出自己喜欢的性格。我们不需要期待别人来改变性格适应我们，就像不需要要求别人学习我们的语言来和我们交流一样。

除此之外的不愿意改变，大约就是懒惰了。因为性格的习得，需要一点点努力和付出，就像学习一门新的外语一样。当然，你愿意只跟与自己合得来的人相处，只跟和自己语言相同的人相处也无妨，无非是你只能见识到这个世界里的人，看不到其他的风景而已。

而那些"没有原则"地交际的人们，他们并不是没有自我，只是比你多掌握了一门语言而已。

最爱的人
未必适合在一起
————

当感情到了尽头，就是无爱的痛苦。

其实在一起这么久，**你已经渐渐感觉到了他不是你要找的人**。跟他在一起，更像是朋友一样，始终没有多少心动。他很照顾你，对你好到要把你融化了似的，他的执着和热情无法让你拒绝。他为你做了那么多事，你觉得能有一个人这样对你好不也是一件幸福且应该去珍惜的事吗？可是**你又深深地感到孤独，纵然他百般好，千番照顾，可是始终没有办法懂你**。他只会说些"没事了""别想了"之类的话，在精神的世界里，你们是两个人。

你很清楚他不是你要的款型，你喜欢独立、坚强的人，可是他就是优柔寡断；你喜欢有追求、有理想的人，可他就是胸无大志。每当你想放弃，你又开始觉得他脾气挺好，人也好，你接受他也是因为如此。于是你安慰自己，完美的伴侣是不存在的，于是你依然选择了跟他在一起。

可是痛苦依然无法避免。

你无法对他动心，无法对他产生感情。你想放弃，可是你却没有遇到让自己动心的人。听了很多人的劝说后，你开始怀疑是不是自己的问题。没有人能让你动心，你越来越怀疑是自己的问题。

也可能一开始产生过感情的假象，你认为你会对他产生感情，于是你暗示自己你们之间有感情，你假装了你的感情。相处之后你才发现，那只是自己的臆想。你很想好好爱他，可是你发现感情这个东西是世界上最勉强不得的。

感情到了尽头，还剩什么？

你有很多观点在脑子里纠结，支持你放手的只有一个：我无法爱上他。支持你继续跟他走下去的理由却有很多：他是靠谱青年，错过了可能就真的没有了；感情是个不可靠的东西，但是他的硬件和性情却是稳定的；朋友亲人们都说他好，值得好好珍惜，既然爱了，为什么要随便分手，你不想成为一个随便的人；他那么爱你，离开了你他会伤心，你不想伤害他；你有些依赖他的好，不想失去……

当你脆弱的时候，你想，这是一个可以依靠的人；当你平静的时候，你又很想放弃。可是你跟他始终无法有深入的交流，走不进彼此的内心。你不甘，难道这就是一辈子吗？

你除了想太多之外，你知道自己要的是什么吗？你能描绘你想要的爱情长什么模样吗？你认为你值得拥有理想的爱情吗？

小猪和小兔是相爱的，有天小猪掉到了陷阱里，小兔空手来相救。

小猪问："你怎么没带绳子？"于是小兔"哦"了一声后转身回去取了一条绳子。小猪说扔下来，小兔就把绳子全部扔了下去。小猪又说："你该拽住绳子的一头呀。"于是小兔"哦"了一声后跳进了坑里，拽住了绳子的一头。于是这个大坑里有一只小猪、一只小兔和一条绳子呆呆地在那里。

对于这样的爱情故事，每个人的看点都不一样。有的人认为，有些人虽然不懂你，但却值得你一辈子珍惜。他需要的是关心就够了。有的人却认为有些人既然满足不了自己的需求，那么为什么还要在一起？他需要的是异性的共识。

每个人在亲密关系里的需求是不一样的。对人的意识领域，人们喜欢划分为身、心、灵三个部分，同时，在亲密关系里的照顾或需求，我们也可以按照这个维度大致分为三个层次。

身体层次的亲密。或者说是物质、现实的照顾。你们住在一起，在生理上得到满足。你们一起生活，他对你的生活很照顾，对你的身体很照顾，买菜、做饭、端茶，生病时呵护你，有事时第一时间赶过来陪你。这种亲密是可见的，这表现在物质、现实和身体层次。

心理层次的亲密。或者说是情感、情绪的照顾。当你累了，他能给你温暖；当你受委屈了，他能给你抚慰；当你遇到挫折了，他能给你支持。跟他在一起的时候，你感觉很踏实，很安全，很温暖，也很幸福。无论走到哪儿，你都知道有个人在牵挂你和支持你，你并不会觉得自己是一个人在奋斗，并不会觉得孤单。他能走到你心里去，照顾到你的心灵。在这种亲密关系里，你们已经体验到一种叫作"爱"的连接感。

灵性层次的亲密。或者说灵魂、精神层次的照顾。你不需要说什么，他已经懂得。你们可以讨论很哲学、很深奥的话题，对人生有着共同的认识，你们有着共同的价值观，有着共同的爱好、共同的语言、共同的理想和兴趣，你们在关系里相互依赖，在专业上你吵我嚷，在领域里共同进步。你们可以轻易听懂对方在说什么，仿似你们就是同一个人，你们出色地完成了共生，抚了一曲《高山流水》。这就是传说中的神仙眷侣。这样的亲密是存在的，只是很难得。我们看到的那些不断追求"懂我"的人，大多希望达到此境界。

我始终相信，你想要的这三种层次的亲密的人都是存在的，你的一生既能遇到与你精神上共识的红颜或蓝颜知己，也能遇到给你安全感的人，更能遇到将你照顾得很好的人。遇到并不难，难的是你遇到的这个人这三种亲密是合一的，能同时给予你。

于是你可以去区分，你想要的是怎样一种亲密关系。这三种亲密的苛求度是递增的，你遇到能照顾你身体的人要远远多于能照顾你灵魂的人，所以你遇到后者的概率要相对小很多，难度也大很多。当你愿意耐心去寻找的时候，你一定可以找到。你想遇到这三者都能给你的人，无非是难度大了一点而已。

当感情到了尽头，不要总想着放手。你可以去问问自己的心，你想要什么。当你问出答案后，你就可以决定，然后去判断出现在你生命里的这个人符不符合你的标准，然后决定要不要跟他走下去。你选择什么都是可以的，但是记得要为自己的选择负责。

回到最初，当你知道自己要什么的时候，你就可以打破思维的禁锢，打破自己规条的束缚。没有什么应该与不应该，想要什么却不去追求才是不应该。

当感情到了尽头，是无爱了，但是不一定痛苦。

痛苦是因为你没弄清楚你想要什么。是你要的，就可以继续；不是，就可以勇敢地分手。

别人的否定和指责为什么能伤害到你？

曾经，我不是很喜欢那些对我指责、批评与否定的人，包括现在偶尔也会。

那些对我指指点点、圈圈叉叉或者一直要挑刺找碴儿的人，曾有一段时间我很想说：你懂什么！但是话没有说出口，自己又觉得委屈和挫败。

我的领导，最常说的话是"这么简单的错误你都犯""你就不能聪明点""你做了还不如不做"云云。每当听到这样的话，我都感觉五脏俱焚，想跳起来拍死他，用全身所有的细胞嘀咕：我要是聪明了，我还会在这儿待着吗？我要能达到你的标准，我还用坐在这个位子上吗？当他温柔的时候会说，某个地方做得不是很好，可以怎样改正的时候，我感觉会好一些，或者说理性上知道这是好事，

＃

但我依然会很不舒服，觉得那是对我努力的一种否定，我就有了无边的挫败感，我会发现其实我已经尽力了，但依然无法做好。

这些否定与指责也常常来自于陌生人。比如我的读者，当我看到一些评论说我的文章过于啰嗦、华而不实、道理泛滥的时候，我会很不爽，特别想大骂：道理不实践永远是道理！你认真看过了没有，就指指点点！比如我讲课的时候，当我尝试共情学员的时候，他会说我"站着说话不腰疼"，并且质疑我没经历过根本不懂，会因为一个乳臭未干的孩子跟他一个大叔谈人生而对我用尽鄙夷。每当这时候，我会在心里泛起几句"闻道有先后，术业有专攻"，顺便完成自我安慰，但同时也会慌乱起来：怎么办？

对于身边的人，当我回忆的时候，其实他们的否定与指责对我伤害最大。当我身体不舒服或因其他原因不能赴约的时候，会被指责为自私、不重视、矫情；当我尝试想跟他讲明白某个道理的时候，会被指责自以为是；当我先去忙自己的事情没有帮助到他的时候，我会被认为眼里只有自己，没有人情味等。

也许是我太敏感，也许我真的是这样。他们温柔的、不温柔的指责，直接的或委婉的否定，总能被我迅速识破，然后感到很委屈和受伤。即使我反驳，我的委屈也不会因此减少半分。

当我面对否定的时候，我通常会有两个反应：认可他的说法，我的确是这样的人，然后很挫败很受伤；马上反击他，然后感觉到很受伤。套用现在流行的话来说就是，当别人对我说"你神经病"时，我会想我怎么这样了，真不喜欢这样的自己。或者会用"你才神经病，你全家都是神经病"来反击，然后体验到一种孤独。

我并没有停止过在心灵成长路上的挣扎。直到后来在一次小组活动里，几个人在完成了对我的攻击后，见我莞尔一笑，谈笑如初，惊讶于我为什么会有这么强的抗打击能力的时候，我才意识到，原来我一直在成长，我已不是原来那个我。然后，我就开始好奇，后来发生了什么。

所有的否定、指责与批评，都是某种对人的攻击。这种攻击渗透在生活的方方面面，无法躲避。只要我们活着，就总是有人肯定或者否定我们，表扬或者批评我们，无处可逃，考验着我们盔甲的强度。当盔甲过薄，就会被击穿，伤害到自己；当盔甲过厚，就会把攻击反弹回去，是他有问题而不是我有问题。

急着否定攻击和为攻击辩解，都是被带走的表现。因为别人的攻击，激发了我的防御，我已经从我的世界里被他带走了。换句话说，我已经被他的话题所控制。如果他使用的是激将法，那么他赢了。

然而无论是哪一种，这都不是最理智的方法。因为在攻击与反击里，总有人会受伤，甚至两败俱伤。而解除攻击的方式，则是重新认识和定义攻击。

别人对我们的攻击，那只是一个扣帽子的过程，别人把一顶看似是我们的帽子扣在了我们头上，给我们下了一个定义，我们是怎样的一个人。然而那只是别人的定义，至于是不是我们真实的自己，却是由自己决定的。

这顶帽子是别人的投射。所谓投射，就是他把他心里的东西拿出来给你。那是别人的问题，你是无法干预的。他心里有，所以看得见。这个投射里也夹杂着移情，移情就是他把对于其他人的情绪转移到了你这儿，你就不小心撞到枪口上了。他把指责与否定给你，是个非常复杂的心理过程，有跟你有关的部分，更有跟你无关的部分。

但是，你受伤了或急着否定，那你就是认同了。认同就是我认可了你说的话，我当成了事实。你假设了他说的都跟你有关，而且都是对的。注意，是你假设并认同为了事实。有时候你会急着否定：不是这样。那是你先认同了他说的，然后又运用了否认的防御机制来让自己好受点。

如果你心里不在意、不认同，你是不会对这个否定起反应的。就像如果你是个富有的人，别人说你贫穷，你是莞尔一笑的。但你真的贫穷的时候，别人那么说你，你就很伤心或者很生气，想证明给他看：我——不——是——穷人！即使你知道自己富有了，但是你没有解开"我是个穷人"的心结，依然会如此。

在攻击中，别人的投射、你的认同，是两个过程。投射与移情，是别人的事。但认同不认同，就是你的事了。你无法决定别人，但你可以决定自己。

我觉得比较理性的做法是：客观地认识自己，想想看他的攻击是事实吗？我认同吗？如果是，我该怎么反思与改正自己？如果不是，我该怎么友善地把攻击放下而不必认同？

何况很多时候只是自己的敏感，对于不是肯定的言辞就会解读为否定，对于中性的言论会往自己身上扯，联想为指桑骂槐。明明无意的言论，硬是觉得是对自己的否定而受伤。有时候别人因着急大声了点，我会觉得是在凶我而反击"你什么态度啊"，弄得对方莫名其妙。别人还没有开始攻击，我就已经倒下了。这时候可以去分辨：这是事实吗？

后来，这点被用到心理工作时才彻底感受到它的价值。当案主开始否定治疗师的时候，治疗师不要急着辩解不是这样的，而要去思考，案主把什么带来了，他为什么要把这个带来？移情恰恰是工作最好的契机。亚龙在团体治疗的理论里也阐述了这一点："他们攻击的是我的角色，而非我本人""理解他们移情的本质，而不是施与以牙还牙的反移情，是保持治疗方向的关键"。

当我看到了我怎样被攻击，怎样被扣上帽子的时候，反扣帽子的转化过程也就开始了。

如果这顶帽子不属于我，并且我无意进行了认同，我就需要先在心里进行反扣帽子，自己先摘下来。我可以告诉自己：我不是一个××的人，我认为××的表现是……

例如，我不是一个自私的人，我认为这样才是自私：在自己充裕的时候还只想到自己而不懂得照顾别人，而我只是在自己的需求和别人的需求不能同时满足的时候，先满足了自己，这是爱自己。我不是一个不负责任的人，我认为的不负责任是这样的：人有能力完成该做的而不去完成，而我的能力有限，我无法完成这是事实，无法完成就不去做，所以我是负责任的。

反扣帽子后，我会在心理上减轻一点负担，然后我会去看我是怎样满足我的渴望的。

我依然希望从别人那里索取认可和尊重。当别人开始否定我的时候，我马上就感觉到了不被认可和尊重，这就像要杀死我一样。我满足自己渴望的方式却是拼命想改变他的言论，想让他重新认可我。我不过是想改变他们而已。当我看到了这一点的时候，其实我已经能够认可我自己，而不必依赖他们了。我不能让也不必让所有人都来说我好，都来表扬、赞美我。我只需要自己认可了自己，就会感觉到莫大的欣慰和满足，因为我值得。

在我满足了自己后，我又去好奇，那个否定我的人在怎么满足他的渴望，他在期待什么。

他期待我可以做得好一些，而不是真的想否定我。**他希望我可以做得完美些，对我有比较高的期待。那我该感谢他对我的关心，而不是反过来又去反击、否定他。有时候他或许真没有那么好，他只是想打击一下我，来显示一下他的自尊，找出我的一点毛病，来显示出他的价值。那我给他这个价值又何妨呢？** 他的意见或许有参考价值，或许没有，但我都可以尊重他满足自己价值感的方式，并接纳这样一个他。

因为如果我可以去感激他或者尊重他满足价值的方式，我就可以促进我们的关系。那我又何必再来伤害一段关系？

事实也证明了我的转化。当我愿意肯定自己，并不需要任何人来证明我的价值的时候，我就能坦然去面对这些否定。当我施与感激和接纳的时候，我可以收获一段更近的关系。那些攻击都会被转化为欣赏和赞美，而我也可以再次得到满足。

同时，也再一次夯实了我对自己的认可和肯定，稳固了我在自己内在扎根的能力，而不轻易被带走，锻炼了我区分和洞察的能力。于是，每一次攻击，都是一种洗礼，都是一种恩赐。

而这在中国古代哲学里也已经说得很明白。孟子曰："天将降大任于斯人也，必先苦其心志，劳其筋骨，饿其体肤，空乏其身，行拂乱其所为，所以动心忍性，增益其所不能。"

在西方近代哲学里也已经被说明白了。尼采说："那些所有不能把我杀死的东西，都将让我变得更强大。"

道理还是那些道理。成长，就是一点点把它们碾碎，然后内化到心灵里。

不是你尊重他，他就要尊重你

1

自从学了心理学，我觉得整个人文明多了，负责任多了，讲理多了。俨然一个君子不拘小节的形象。

但我还是经常冷不丁地在思想上强求他人。直到我觉察到，并被自己吓到。

今天下楼买菜。驾着我长年未动的单车，左边载着一坨方便袋，右边载着一坨方便袋，晃晃悠悠行驶在马路上。前面冷不丁出现了一个大叔，眼看要撞上，我一回神，赶紧下来，但还是不小心蹭了下大叔的脚。这是一起很普通的人群中的摩擦事件，然后我起了一系列的心理反应，非常小心、非常温柔、非常真诚地说出了我修行多年的宝典词汇：

对不起!

我想我是一个绅士,是一个君子,是一个讲文明、有文化、有修养、有道德、有担当、有责任的人,所以才说了声对不起! 我觉得做人应该敢于承认,应该礼貌谦让……

不要说我把一个小动作夸张为这么复杂的心理活动。因为在很久以前我会这样做:怎么走路的啊你,这是马路啊,你怎么不走人行道啊,在马路上走什么啊,没长眼啊? 后来再长大些就成了这样:默默地走开,不计较,然后在心里嘀咕一顿。

但是无论哪种反应,我都会有这样一个过程:明明是他错了,我还要在心里装着好一会儿,不断地在脑海里重复"什么素质啊",然后让自己难受一会儿。

后来我变得有度量、有礼貌、有责任后,我的确收获了很多,知道了人应该主动拿回自己的责任。于是在生活中,当我经常说"对不起"的时候,我换来了很多笑脸和"没关系",我懂得了"再让三尺又何妨"的道理真的能给人带来巨大的力量。

但是,这个大叔接下来不知道经历了什么心理反应,极度不珍惜我这宝贵的三个字,一点儿也不按套路出牌,皱着脸用听不太清的地方语言给我上了人生一课:

对不起什么呀,没长眼睛啊,你这样乱骑车会遭报应,会遭天谴的不知道吗? 然后,吧啦吧啦……

我愣在了那里,半天没回过神来。我错了吗?

我错了。人家好好地走路,是我撞上的。

可是是他走在了不该走的地方啊!

可我不是很认真地道歉了吗?

2

这是一件很小的事，被我夸张了一下心理活动，向读者们表示抱歉。但是之后却给了我很深的触动，当我观察自己的想法的时候，当我又说出"对不起"的时候，我内心升起了一个期待，我期待他是笑着接受并说"没关系"的，因为我也是这么对别人的。我觉得人就应该和善，应该给台阶就下，应该谦让。我太理所当然地把"对不起"和"没关系"绑到了一块，成为了一体。似乎有了 A 就必须有 B。这是我多年的道歉经验，却也只是我的一厢情愿。记得《人在囧途》里的徐峥，在撞倒老太太后，徐峥说了个"不就想讹钱吗？给你，1000，行不"。在他的认知世界里，撞了人又没出什么大事，给点钱你就应该息事宁人，这是他无数次成功的经验，却也只是他的一厢情愿。

如果我拿我的经验泛化为普世的标准，认为人听到真诚的"对不起"就应该宽容地说"没关系"，那我就会要求别人也这么做——这是赤裸裸的思想强制，不尊重。

即使有 10000 个人这么做，也不代表第 10001 个人必须这么做。即使 10 万个人认同我，也不代表第 10 万零 1 个人必须认同我，不然这就是思想强制。凭什么人家要跟你一样，就要遵守你的？

3

这里就有更深的问题。

我付出，就期待得到。我对他付出了真诚，就期待他回报我真诚。与其说期待，不如说强制。我一旦对他付出真诚，我就用我的情绪和思想强制他回报我真诚，不然我就很生气。我会在心里用生气的语言"凭什么我对你真诚和客气，而你要对我诅咒和羞辱呢"在心里攻击他，然后又折磨自己一顿。

我再泛化一下，生活中我无数次这么做。我看到乞丐的时候给钱，我就期待他花到有用的地方，至少别转身买烟。还有次我和同事闹了矛盾，当然矛盾的产生往往都是两个人的过错，那次冲突我们两个人都很偏激。后来我向他道歉，主动说话，他不仅对我的话置之不理，还在工作上继续找碴儿，这让我异常不爽。当我主动低头道歉，我期待他回报我热忱和宽容，当他没这么做的时候，我就很生气，在心里无数次嘀咕做人不该这样。

我之所以这么想，是我觉得不公平：凭什么我这么对你，你却要那样对我？

这种事在生活中更是不胜枚举，比比皆是。

但它又不是一个定律，我对弱者和贫乏者的付出，是不期待他同样地回报我的。因为对于被付出者来说，我是富有的，我不差那点儿。

当我计较、要求回报的时候，我就开始成为一个乞丐。正是我也匮乏，才会需要他回报。

比如说尊重、热情、真诚、爱，我是一个缺爱、缺尊重的乞丐。高僧大德不需要人来尊重和爱，无论世人怎样羞辱他，他都笑而纳之，依然付出，不需要他人同样回报。达摩祖师初到中国就如此，当他想上船，别人羞辱他不让上，但他依然救助了一个羞辱他的人的孩子。

4

我们不是圣人，也不是佛陀。我们没有那么高的修养和境界，但是至少我们可以做的一点就是：我承认我的匮乏和贫穷，我对你付出，也想要你对我付出同样。当我承认，我就已经开始进步，因为是我的问题，而不是你的。

所以，我还可以做得更深一步：我期待你那么做，但是不强求。当我付出，当我道歉，当我真诚，当我热情，我期待你可以同样对我，但是不再强求你这么做。你有你的选择和自由，我尊重。我想要，也允许我要不到。我可以表达我的期待，如果没必要或觉得没希望，我就不表达，但不会强求你同样对我。

别人没有义务满足你，更没有义务因为你给了他就必须同样给你。更没有义务当你拿道德、真理、高尚等标准来问他要的时候，他必须给。

5

我有一个原则，人应该和善、友爱。所以，我最后的问题就是：我做，是为了得到同样的对待吗？如果得不到，我为什么还要去做？

是期待得到同样的对待，也不尽然是。当我向一个我有意或无意伤害的人说出"对不起"的时候，我会心安很多，有力量很多。我执行了我的原则，我觉得踏实。他人怎么做却是我不可控的，但至少我心安。

我付出其他东西的时候也是如此。我尊重他人，真诚待人，欣赏他人，当我这么做的时候，第一是对得起自己的良心，其次才是想得到他人同样的回报。如果没有第二个结果，起码我还有第一个，这一个足够支持着我去做。

那么他怎么回报我又何妨？

6

别人怎么做是别人的事，我可以去呼吁，却不必用情绪在观点上强迫他。即使我觉得他那么做很不对。只是，别人错了就应该听你的吗？你可以邀请他，来，参与进来，我们和谐一下。人家要不愿意，那你就生气？

这就是尊重，是一个非常微妙的课题。

我是为你好，所以你要改

————

1

关于他人的改变，有些是与我们相关的，有些与我们无关。但无论哪种，他人是否改变都是他人的权利，而不受我们的强迫。善意虽然很好，但是当善意成为了强迫和控制的时候，就会出现恶意的结果。

2

比如说父母。

从小到长，到为人父母，依然难以改变那颗想改变父母的心。我见过太多这样的人，包括我自己。

A 已经成为了一个母亲，依然没有放弃要改变自己的母亲。因为母亲总是嫌弃、埋怨、指责父亲，并且不断跟 A 说父亲的不好，并要求 A 认同父亲的不好。可是，A 从小就没有让母亲如愿，反而很看不惯母亲的指责：父亲为赚钱养家常年驻外，父亲很辛苦，父亲是个好男人，你该理解他而不是指责他。然后母亲更指责、更生气，指责 A 不孝，白养了。直到 A 的儿子已经读小学的时候我听到这个故事，A 的母亲已到垂暮之年，A 依然不愿原谅母亲，依然在指责母亲不该指责父亲。

从所谓的大众标准来看，A 是理直气壮的。这个父亲真的默默为家做了很多，却得不到母亲的理解。这个男人一生都在辛苦，却没有得到过女人的认可。A 是可以被理解的，她想让母亲改变，想让她和父亲的关系和谐些。可是她又拒绝理解母亲，母亲这个独生女从小就被宠爱，嫁到这个家后男人有半数以上的时间都不在家，她有太多不满，她需要关怀与宠爱，她无法理解父亲，一个自己匮乏的人怎么可能放下索取去理解对方呢？

于是，A 对于他们的关系，总是很绝望。

绝望的背后是：她应该改变。我想改变母亲，但是我做了一辈子都没有做到，我绝望了，不想做了，我唯一能做的就是带着怨恨，用远离你来惩罚你，幻想着你还可以改变。

3

B 的父母离婚了，B 跟着父亲。父亲再婚，找了一个比较好的女人。B 真的为父亲感到高兴，也为可以再度有个家而高兴。当这个家又传来即将离婚的消息时，B 悲痛欲绝。他看不惯父亲，曾经为了钱跟母亲离婚，现在居然又为了钱要跟继母离婚。一个人怎么可以为了钱屡次牺牲家庭？ B 难以接受。

C 的父母还没有离婚，但是 C 一直希望他们可以离婚。C 的母亲一直挑拨她和父亲之间的关系。C 觉得这个母亲限制了父亲的幸福，她想还给父亲幸福。她想改变母亲，让母亲跟父亲离婚。

我也曾经一度如此。我妈妈是个家庭主妇，爱计较，经常挑爸爸的毛病。爸爸要赚钱养家，还要照顾我们全家。每当妈妈表现出对爸爸的挑剔的时候，我就会指责妈妈不该这么对爸爸，同时很赞叹这个男人居然可以为了家做这么多。后来，我也放下了指责。妈妈曾经是个要强的女人，全职在家后找不到自己的价值，她唯一能感觉到价值感的东西就是可以实现对爸爸的控制。而当她不能控制，而且连我也反对她的时候，她就更加绝望和无助。

太多时候，我们都想改变父母。而这些改变，小部分原因是想为自己好，更大的原因是希望他们改变，希望他们幸福。但是事实却是我们越是干预，越是想让他们改变，越是增加家庭中的分裂感，并加大自己的挫败感。

4

亲人间想要去改变他人，朋友间也是如此，甚至陌生人。

公司的一个老大姐总是喜欢给年轻人提建议，我们承认老大姐的确有一些生活经验，让我们十分赞叹。但是每当我们没有执行她的建议的时候，她就会表现出另外一面：诅咒与使绊儿。大意是不按她建议的去做，一定不会有好结果的。有时候她会很生气，很看不惯，甚至做些小手脚来阻碍。

当然年轻人也给她提出过建议：我们的事跟你无关，执行不执行你的建议都无可厚非，你为什么要生气呢？但是老大姐并不领情：年轻人不知好歹。于是，年轻人开始疏远她。这种疏远并非单纯的"惹不起"，更有一种得意：看吧，不听我们劝，我们就用疏远来惩罚你。而这又像极了老大姐的手段：看吧，不听我的建议，我就用诅咒和生气来惩罚你们。

我对朋友也如此过。有次我给朋友提供了一个很好的机会，希望他可以珍惜。但是他表现出漠然和无所谓，我就很生气：人怎么可以这么不抓住机会，人怎么可以因为懒惰和懦弱让机会溜走呢？

5

现在我来说说助人情结。

很多时候，我们给他人提供帮助，提供机会，提供意见，因为我们真的想与人为善，希望他人可以好。当对方是亲人等我们在乎的人时，这种感觉就更为强烈，因为我们真的希望他们可以过得好。

善意本无可厚非，但是当善意失败，我们就用诅咒、生气、责骂来惩罚对方，这时就与善意背道而驰了。这分明成了伤害。这种帮助的背后又同时有一种压力：一旦我给你提供帮助，你就必须执行，否则我就惩罚你。

助人情结就是我们把自己固执地认为对的、好的东西加给对方，而全然不顾情境。对于父母，我们学习了太多，读了太多书，我们知道了什么是好的，什么是坏的。但是在他们几十年的经验里，已经难以认同新的观念的进入，就像你很难去跟我妈讲明白什么是C 语言一样，或许她应该接受新事物、新观念，但是她几十年的模式已经定型，改变已经难于上青天。何况那只是我们所受的教育告诉我们那是对的。对于 A 的母亲，她潜意识里就觉得所有人都应该以她为中心，她嫁给这个男人前的经验就是如此。你凭什么说这是错的呢？对于 B 的父亲，金钱就是胜于一切，他的成长环境就决定了他要这么觉得。你凭什么用父亲从小给你的金钱无缺的世界观来要求他呢？纵然有些观点的确跟不上时代了，那消除这些观点的方式，也绝不是要求他们拿掉。保护了自己几十年的东西，谁愿意轻易放弃呢？

我妈妈喜欢用老式的键盘手机，如果我非得给她一个高级的智能手机，她会无法操作，电话都拨不出去。假如他们真的改变了，却不适应新的模式，难道不是一种残忍吗？

助人情结还在说：你认同我吧，这样我就是有价值的。扯开这些无私的为他人好的面纱，背后其实是在为自己争取一点价值感。

价值感就是，你若不认同我的建议，就等于否定了我。否定我是难以令我接受的，所以我只能强迫你接受。

中国人喜欢如此：好为人师。或许全世界的人都如此，所以，泰勒斯才回答了一道世界性的问题：世界上最容易的事是什么？泰勒斯：给别人提建议。

6

泰勒斯同样回答了另外一道题：世界上最难的事情是什么？泰勒斯：管理好你自己。

我们能做的就是尊重。

尊重他人跟我们的不同，他人在他们所受的教育里有了他们的价值观，有了他们自己的生活方式，他们熟悉并运用，并且活到了今天。

尊重他们有他们的命运。对于父母，他们磕磕绊绊，用这种方式活了半辈子，已经难以再改变。我们可以用爱去慢慢融化，但是任何企图改变的心都会成为压力，都在企图改变他们的命运。这让我们成了他们的"父母"。对于朋友，我们可以说出自己所见所想，但应该把他们的命运还给他们自己，大家都是成年人了，都可以为自己选择并为自己的选择负责。

尊重他人的选择。当建议被听到就可以了，不必强迫执行。执行不执行都是他人的选择，最起码他人还有自己选择的自由。如果我们连这个都要剥夺，我们岂不是太残忍了吗？

每个人活着都有自己的生命轨迹。我们不是神，不是圣母，拯救不了任何人。尊重，并允许发生。

我们能做的，也许只有给他人建议，并把选择权还给他人。然后，他人的命运，会以他们选择的轨迹进行。

如果你非要当圣母，请换一种温柔的方式，而不是指责。

当然你也可以继续有"圣母情结"，我宁愿叫"圣母病"，尤其喜欢用指责的方式来当圣母的。我只是闲来发下牢骚，并不想改变你。

7

有种社会现象非常流行，很多人也比较反感：妈妈们会以好的名义强迫孩子做很多事情。越来越多的人意识到其实这不是爱而是伤害。妈妈们的确是为了孩子好，但是这种好导致的却是负面结果：孩子要么失去了灵魂成为听话的傀儡，要么学会叛逆来反抗，但是他的内心并不会改。

我相信很多人都这么被对待过。

20 年以后，我们又在用这样的方式对待我们的父母及朋友：我这是为你好，所以你必须要改，必须要听我的。

家庭治疗里常有的言论就是：我们无意间重复了父母的模式，并成为了他们。

所以，不要再当别人的爸妈，尤其不要再当你爸妈的爸妈。

他喜欢我吗？
不要被自己骗了

我常被问到这样一个问题：怎么判断一个人是不是喜欢你？

她和他关系很近，关系特别好，用他的话来说，他们之间处于知己的关系，可以一辈子走下去。她也知道这种关系，已经不是朋友那么简单了。可是她不说，他也不说，就一直这样好着。他时常约她出来吃饭，逗她开心。她偶尔给他买个小礼物，表达关心。他们就这样好了整整一年半。然后她纠结了：要是他喜欢她，为什么这么久以来始终停留在那个地方没有进步？要是他不喜欢她，那么干吗还要和她这样保持暧昧的关系？到底是应该离开他，还是向他表明心迹？

当你和某个人在一起的时候，你对他的好感在上升，你想和他待在一起，那种感觉让你觉得很舒服。他照顾你，对你好，陪你疯，陪你聊天，关心你，给你买好吃的。这么跟他在一起，你觉得很开心。

然后就这么相处了一段时间后，你突然冒出了一个问题：他喜欢我吗？

你在大脑里转了三百六十遍，百思不得其解。你开始偷偷地问朋友、问网络、问我：怎么判断一个人是不是喜欢你？

我不知道这个问题的答案，但是**我却想反问你一个问题：你喜欢他吗**？

问题就在这儿停顿下来，这不是一个怎么判断一个人喜不喜欢你的问题，而是如果你对他有好感或者你喜欢他，可是你不知道他对你的感觉，你该怎么办？

你说你想知道他喜不喜欢你，然后再做决定该怎么办。可是你为什么要把决定权交给他呢？只有他先选择，然后你才能选择。他喜不喜欢你是一回事，你喜不喜欢他则是另外一回事。不必一件事有了答案另一件事才有答案。你的感情也不必基于他的感情而存在。

所以现在的问题就是把你自己弄清楚，你想要什么。如果你只是想要一个答案，只想知道他的感觉，你可以去问他，没有人会比他自己更知道他的感觉。如果你喜欢他，你可以去表明心迹，让他知道你的心思，然后讨论下你们会走向哪里。如果你仅仅有好感，并不是感情，那你可以继续这么保持着朋友的关系。**他喜不喜欢你不重要，重要的是，你想要什么，你在做什么**。把自己弄清楚了，你们的关系也就明确了。

我听过很多这样的故事，她喜欢着他，可是就是不说。

一个微小说里的故事：毕业那天，班长提议全班同学坐成一个圈，每个人在纸条上写一个自己的秘密，传给左边的人，这样每人在分享一个自己秘密的同时也保守了一个别人的秘密。她故意坐在他的左边。暗恋四年却没敢表白，能知道一个他的秘密也好，她安慰自己。传来的纸条上只有三个字：我爱你。

这样的故事真的让人啼笑皆非。四年前，如果有人愿意表白，会是一个什么结局呢？我想相爱四年的美好和暗恋四年的美好总是不一样的。只是因为她不知道他喜不喜欢他，所以她选择了止步不前。于是错过。

为什么要这样错过？为什么要让自己这样纠结？即使你清楚自己的感受，你还是要选择错过。为什么呢？

在我们的世界里，有各种想法、标准、规条和世界观。

我们常常认为我们这样想，别人也应该这样想，比如说，你喜欢我就应该告诉我。那你喜欢人家为什么不告诉人家呢？你又说，男孩子应该主动，哪有女生主动表白的？从统计学的角度讲，男生先表白的确多一点，但不是绝对的。你还说，不知道他喜不喜欢我，我干吗要先说喜欢他？是啊，干吗要先说呢？可是是谁在纠结呢？

你接着会说，他如果不喜欢我，我告诉他那多尴尬啊。你不问，怎么知道他不喜欢你呢？你不去追求，怎么知道他不能喜欢你呢？假如他向你表白，你拒绝了，你会让他尴尬吗？更或者说，你是想选择继续纠结，还是想选择让事情有一个答案？

你还是会害怕，你说本来还可以做朋友，表白后朋友都不能做了怎么办？还是自己的选择，你要选择这种不清不白的朋友，还是做清清白白的朋友？一段一方有爱恋的朋友关系，怎么会持久呢？说了就不能做朋友，这本来就是你自己的规条和恐惧，并不是事实。

在我们的世界里，除了这些规条，我们对他还有很多期待。

我期待他会喜欢我。我喜欢和他保持来往，期待着他会喜欢我。你为什么会有这样的期待呢？他喜欢你可以证明什么呢？可以证明你是有价值的，是有人喜欢的，还是证明你可以和他来往？

你期待他先向你表明心意。明明都心照不宣，接着相互暗示，就是打死都不说，又接着相互试探，然后你在心底偷偷种下一颗期待的种子：你希望他先向你表白，接着你偷偷告诉自己一句话：如果我们之间有 100 步，只要你先向我走 1 步，我会走完剩下的 99 步。你们讨论彼此的感情观的时候，恰巧他也说了这句话，暗示你：如果你喜欢他就告诉他，然后你就又暗示他。恰恰第 1 步是最难的。你从来不说，只是期待他先表明。

你为什么会有这些期待呢？总结起来，可能无非就是这些原因，希望证明自己是可爱的，被爱的，值得的，被关注的，在世界中心的。只是，你的这些价值需要他给予你，才能被证明吗？很遗憾他很不懂你，一直没有满足你的期待。你要怎么做呢？你可以继续暗示，继续暧昧，或者想办法让他先说，或者你先说。总之，你要觉察到你的期待，并去应对你的期待。

所有关于"怎样判断一个人喜不喜欢你"的答案，我都不知道，但我有三个步骤，可以带你自己去找到答案。第一步，了解自己，你是怎样的，你对他的感觉是什么。第二步，你想要什么，你理想的结果是什么样子的。第三步，选择。你愿意为这个结果付出多少勇气和努力。如果值得，就去做吧；如果不值，就放弃吧。

关于这个问题，如果非要再找我要答案。我也只有一个：**你是有选择的。你可以选择自己怎样做，而不必去猜测他是怎样的。**

你是想发泄情绪，
还是想解决问题？
————

老板：你怎么迟到了？

员工：才迟到了两分钟，路上堵车。

老板：堵车就不能早起两分钟吗？

员工：每天加班到那么晚，怎么起得来！

老板：白天的活不干完，要拖到晚上再做！点灯熬油，一点儿都不知道节约公司的资源！这说明你工作态度就有问题！

这是一个多熟悉的场景，我深深知道这种体会：委屈、无助、无奈、不屑、抱怨……然后脑子里这样的想法不断蹦出来：这个老板太不可思议了，不就迟到两分钟吗？我每天加班到那么晚，早就超过了工作时间，有必要上升到工作态度问题上吗？有必要这么计较吗？这个老板不会管理员工，一点都不人性化，这么做下去，他迟早会把公司做死的。然后越想越气，并在心里下了很多结论：他不是个好老板，是个小人，这样肯定会做垮的。当这么想的时候，更加坚定了他是错的，他不懂管理，并且想到他有天会把公司做死掉的时候有了一丝快感。

自己的委屈却没有丝毫减少，而且越想越多。你明明做得不对，我还不能大声说。你要是跟我没有关系的人，我早就用我的强大语言本领发飙了。可是不能，于是只能自己委屈，无助，挫败。

一切都是因为受到了不公平对待，而自己又无法反抗。就像生活中受了不公平对待，只能委屈自己一样。

如果你愿意停一下，从委屈里跳出来看看，你会发现面临着两个问题：为什么会这样？下一秒该怎么办？

发生了什么事情呢？有了一个小分歧，然后你被否定了。这是行为，也就是我们所谓的问题。然后所有的防御机制被触动：这是你的错，不是我的。反抗失败，陷入委屈。在心里继续指责和诅咒：你是个××样的人，会有××样的结果。

在为什么这个问题上，你用了几个东西将问题升级。注意，是你在升级：

你不该这么对我。

你应该按我的意愿来做。

当你没按我的意愿来做的时候，就是你的错。

我不接受被否定。我要用各种内在的及外在的方式反抗。

这是你的内在发生的事情。这时候有必要换位一下，去看看否定你的这个人，他的内在发生了什么：

说你两句，你还反驳。

做错了还有理了？

你真不尊重我。

你反过来否定我，我只能把问题提升到更高的高度再反过来否定你。

这只不过是两个人的相互否定游戏，较不完的真，其实心里只想要一个东西：尊重。问题本身已经不重要了，重要的是，当他们都被彼此否定的时候，都在索取尊重。这就是两个尊重匮乏的人，使尽了浑身解数来向对方索取。对方明明已经少得可怜了，但是自己一定要用强大的道理来向对方索取。

问题本身不是问题，尊重才是问题。解决了尊重问题，行为问题就不再是问题了。

接下来就是你会怎么做。

有的人不服：凭什么要我尊重他呀？我已经很尊重他了！对于这种人，我不屑给予尊重！不要以为你是 ×× 你就了不起！

抱怨和不屑是没有任何问题的，因为这可以有效维护自己的自尊，让自己感觉舒服些，让自己有面子。同时也要意识到，你选择了情绪化，发泄了自己的情绪，自己舒服了，但是情绪化的结果就是让关系更疏离，让问题更不可能得以解决，让对方给你更不好的果子吃。

有的人会这样：对不起哦，都是我的错。其实我应该 ××，但是我现在没有做到。你看是不是可以麻烦你……

我不知道这种方案奏不奏效，但我觉得在解决问题上起码比第一种好，因为这有了缓和的余地，问题可能得以解决。但是代价也蛮大的，你需要放弃自尊，放弃面子，放弃被尊重。

但放弃被对方先尊重并不意味着你就不值得被尊重了。

其实这不过是两个选择，你要做的只是选择其中一个：你到底是想选择情绪化，让自己好受一些，还是选择把事情解决。你是选择满足自己的心理需要，还是想把事情解决。如果你的能力有限，这两者就只能择优选一个。你不能既要在人家尊重匮乏的时候还得尊重你，还能乖乖地把事情解决。除非他很爱你，愿意委屈自己。

没办法，他需要你的尊重。他没有办法把个人的感受和情绪与工作区分开来，没有办法把尊严和事情区分开来。你能不能做到不知道，但是他做不到。你如果指责他，你只能更抱怨、更委屈，你还是改变不了他。

当你改变不了他，你至少有两个选择：

继续抱怨、委屈，指责都是他的错。

满足他的渴望，让事情有协商的可能。

很多年前我遇到过这样一个人，他的儿子误杀了别人的儿子。被害人的父母坚决要起诉，要将杀人的孩子告到死。杀人者的父母不高兴了，特别愤怒、抱怨：已经死了一个人了，你为什么还要再死一个？我们家孩子又不是故意的，你就这么没宽容心吗？！不允许孩子有点失误吗？！其实两家关系本来是很好的，但是因为这件事，相互充满仇恨。彼此的抱怨，让冲突一再升级。

那时候我还在学《金刚经》。老师这么化解了这个仇恨：当你继续种下仇恨的种子，你只能收获仇恨。你要做的是，去道歉，真诚道歉，放下你一定要证明对方错的心，告诉他们，这是你的错，十分后悔。不能还你儿子，但是我儿子可以当你们下半辈子的儿子，继续照顾你们。这时候对方就有了协商的可能性，即使人家依然坚持要上诉，你儿子也死了，但是你们至少缓和了两家的关系，不再那么仇恨。

这两个结果里，你会怎么选？

继续仇恨，指责对方为什么不改变、不让步，结果是：对方上诉到自己的孩子被判死刑，两家成为世敌。

放下仇恨，满足对方的渴望。结果是：有 50% 的可能性留住孩子性命，90% 的可能性收获改善的关系。

证明别人错是一件很有快感的事情。这是一个"水落石出"的心理游戏。别人错了，我就对了，我就觉得价值感上来了。

问题是，你既要一个结果，又要证明自己是对的，那你会出尽风头，离摔倒就很近了。承认自己的错误又何妨？谁说人一定要公平，谁说世界一定要公平，谁说别人就该那么伟大要把个人情绪和工作的事分开来？谁说人就应该就事论事？虽然我在努力做，但是我也知道我不可能让所有人都做到。同样的事情有：

你不能对一个程序员说："你的代码有 bug（漏洞）吧！"他的第一反应是："1. 你的环境有问题吧？ 2. 傻瓜你会用吗？"如果你委婉地说："你这个程序和预期的有点不一致，你看看是不是我的使用方法有问题？"他本能地会想："×，是不是出 bug（漏洞）了！"

这个笑话的名字叫《程序员的自尊》，只有伟大的人才能就事论事，区分人与事。如果你做到了，恭喜你的伟大，但不要要求别人和你一样，如果你没做到，你可以问自己：

是选择满足自己的情绪让自己爽一点，还是选择满足别人的情绪来让事情得以解决？

没有"他应该"，人只能改变自己。这是你的问题，和你的答案相关。

同事和朋友，我觉得不是一路人，能远离就远离。但有时候是我的领导，我无法远离又无法忍受。但是后来我发现，这种人身上除了计较外，还有很多优点。跟他们在一起，我能学习到很多东西，他们有的专业技术特别强，有的社会阅历比较丰富，有的人脉比较广，有的发散思维比较强，有的在默默地善良着，经常去敬老院做义工、捐助贫困学生。和他们在一起，我会偶尔吃亏，明亏和暗亏我都吃过，我很无奈地让着他们。

但是后来我又发现，其实系统本身就是一个平衡。你跟一个人在一起，能从他身上得到，必然得为他而失去。能为他而失去，就一定能从他身上得到。只是，如果你付出的恰恰是你在意的，那么你会心痛；如果你付出的是你不在乎的，那么你会很慷慨地给予。

再后来，我发现远不止如此。其实计较也是他的优点，是他界限感非常强，很懂得维护自己。我是一个从来不会拒绝别人的人，所以经常吃哑巴亏，而对方常常毫不知情。不懂得拒绝别人，不懂得人际界限，这些都是我的问题，而不是他们的。他们只是相处方式和我不同，然后我强行给他们贴了个标签：计较。

我为什么这么讨厌计较？当我开始思考这个问题的时候，我发现他们带给我的其实远比我想的多。因为我隐隐有种担忧，我觉得如果人们之间分分毛毛算得太清晰，就代表着关系疏离，就代表着我们关系不亲密，就意味着我可能无法跟他做朋友或失去他。很显然，这是我在山东20多年的教育中得出的经验，并不是通用的。我曾经用它活得很好，但是当我走出那个文化圈子的时候，很多人跟我不一样。于是，我开始反思自己，开始学习拒绝，开始学会要求他人，开始学会正视自己的需求。

于是，我也变得"计较"，并且我知道了我们的关系不会破碎，依然亲密。有时候，我不想去区分的时候，我就会放弃自己的一部分利益满足他人，只是我不会在心里默默地埋怨他人。

对于那些脾气暴躁的人，有时候我很受不了，很想问：凭什么？但是后来我发现，他们身上有很多值得我学习的地方，他们身上有很多我羡慕的资源。他们也慢慢告诉我，我受不了这些，是我的内在有些东西卡住了。我在用他们的认可和尊重维护自己的尊严，而他们的行为只是他们的习惯而已，根本无意伤及我的自尊。

我们都是上帝咬过的一个苹果，没有人是完美的，所以每个人都有自己的好与不好。 所以，后来我听说了很多朋友有多讨厌一个人的故事，我会感慨万千。朋友说：这种人，我不屑于和他来往，不屑于从他那里得到什么。或者说：这种人渣，没有什么优点可言，有能力又怎么样，人品差我依然不屑。

我会想说，面对我们不喜欢的人，面对他人有我们不能接受的缺点的时候，除了把他整个人排斥掉外，还有其他很多选择。

选择一：看到他的优点，并向他学习。

我会想起古人所教的："三人行，必有吾师焉；择其善者而从之，其不善而改之。"

这番"孔子说"，我记得一段时间内很遭人批判，大家将孔老夫子的话视为空话、套话，但是细细品味真的意味无穷。每个人都有他的优点和缺点，他的优点是让我们来学习的，这点我们常常忽视。韩愈曾经嘲笑过这样的人："位卑则足羞，官盛则近谀。"是说以地位低的人为师就觉得羞耻，以官职高的人为师就近乎谄媚。我们不愿意向那些有缺点人学习，不正是我们的无知吗？而他的缺点，是让我们引以为鉴的，而不是用来排斥他以显示自己清高的。

有人说，这种人没有优点。那是我们失去了发现美的眼睛，被心中的仇恨和怒火蒙蔽了双眼。世界上本来就没有什么绝对的恶人，就是恶贯满盈的人都会有慈悲的一面和出众的一面。而我们看到哪部分，就会放大哪部分。如果我们期待他人只能呈现我们认为美的一面，那我们是在期待一个"妈妈"。

有的朋友会说，原则问题不能侵犯。原则性问题依然不是我们排斥他人的理由。所谓原则是自己要遵守的，而不是强求他人也遵守的。我们可以守好自己的原则，同时学习他人的长处。

选择二：把他们发展为朋友。

如果你非得说我功利，我就会说功利有什么不好。这种很多人都不耻的人，恰恰是给你带来最多收获的人，如果你愿意。他有他的特殊的资源，他不能跟别人分享，只能跟你分享，那你不就得到了很多吗？如果他是个人见人爱的人，那么你也只是他众多朋友中的一个。古人说：冷庙多烧香。不要小瞧任何一个人，他随时可能展露出你未曾见过的一面，也可能蕴藏着你需要的一些东西。

选择三：成长自己。

我觉得这是最重要的。

如果你发现始终受不了他，你可以问自己两个问题：是不是所有人都认为他有这个缺点？是不是所有人都受不了他的这个缺点？答案显而易见，不是。不然他不可能活到现在。

那为什么我们会因为他的缺点而痛苦？

我们所排斥的，其实是我们自己，那是我们不能接纳的自己，我们背后有恐惧。有的人不能接纳堕落、放纵的人，有的人不能接纳邪恶的人，有的人不能接纳小气、暴躁的人，等等。每个人不能接纳的都很多，而不能接纳的部分，恰恰是我们的一个情结。如果愿意去看到这部分，就是一个成长。

你可以试着做这样的练习：把你讨厌的人的特点，放到自己身上试试。比如你很讨厌计较的人，你可以换成"我是一个很计较的人"。然后你会发现：怎么可能？！如果你愿意暂停3秒钟，去追问自己：为什么不可能呢？你会发现，你为什么不能接受自己这样，找到背后的那个隐藏的恐惧。

当你发现的时候，你会明白你可以不这么做，但是不必再排斥别人这么做。我们所排斥的，不过是我们想通过惩罚的方式，要求对方来改变。

所以你可以追问：我为什么会计较他的缺点？他触动了我的什么？激发了我的什么？我在坚持着什么以致想去要求和控制他？

有修为的大师很少会讨厌人，不是因为他胸襟宽能忍，而是他心里的痛别人难以触碰到。孔子说"君子坦荡荡，小人常戚戚"正是如此，君子和小人的区别就是，内心有没有一些甚至很多总是被戳痛的点。

我为什么会对他人感到厌烦和讨厌？当追问自己这个问题的时候，就可以看到自己身上的问题。我们可以借此把自己变得更宽，更包容，更接纳，也因而更幸福。如果你不排斥自己心更宽的话。

当你追问完后，你会发现他根本没有你想的那么差，他也是蛮好的一个人，是你的不接纳将他的缺点放大了。完成成长后，你会发现，其实和你讨厌的人搞好关系，也是一件很有成就感的事。

上帝是咬了 口苹果，但是不要把你这样的经验强加给上帝，咬了一口就是不好了。上帝会说：看，恰恰是缺了一个口的苹果，才是最完美的苹果。你的经验，并不适合所有人。你用你的经验定义的缺点，未必是这个人的缺点，那只是这个人完美的一部分。

当然你依然可以选择最初的选择，继续计较，盯着他人的缺点不放。坚持认为是他的问题，然后让自己愤怒无助，或借以鄙视而让自己高高在上。这样也很好，你就可以把问题推给他，并成功地把责任推出去，让他人来为你的感受负责。这样你就不用检查自己和改变自己了。

孔夫子也曾说："见贤思齐焉，见不贤而内自省也。"那些讨厌的人，不是让你来排斥的，而是来帮助你反思自己的。

没有人忽视你，那是你自己的假设

———

当人的自我价值感过低的时候，就会用自己敏感的大脑去大胆地做假设，然后把假设当成事实来安慰自己。

比如说，当很久没有联系的老友连着发来两个消息"丛丛""没事，就是喊你下"，然后我本能地回复了个"哦"，他也没有再回，我也就接着忙去了。很久后，从另外一个人的口中，听到了他发出这两个消息及收到这一个回复的心路历程，让我出了一身冷汗。关于他是怎么鼓起勇气删了说、说了删地剩下了这两个"没事"的消息，然后又收到一个"哦"的回复后感觉我很骄傲和冷漠的结论。

不止一个人觉得我冷漠。有次上课，一个同学在分享时间说我过于冷漠。对于这个说法我大吃一惊，急忙问何故。她说，昨天向我打招呼的时候我没有甩她。我慌忙从座位上站起来当着全班同学的面给她鞠躬道歉。我惊讶于她何时跟我打过招呼，我竟全然不知。假始我再冷漠，也不至于到了同学打招呼我都置之不理、嗤之以鼻的地步。

我惊讶于一些人的敏感，这些敏感习惯性地在感受到稍微的拒绝或不重视的时候，马上把自己退缩回去，感觉自尊心受到了严重的伤害，感觉对方不该如此忽视自己。当然我的确是冷漠，如果说"不足够重视"就是一种冷漠的话。

当我在做课程的时候，我的课程里也一再呈现这种问题。一个同学说，她过生日的时候她特要好的一个朋友没有给她祝福，她感觉十分伤心，觉得对方不重视她。虽然理智上她知道对方不可能不重视她，但依然接受不了这个不被重视的事实。在这个问题上，我表现出了极度的共情并进行了自我暴露：经常会有人这么看我，但是我真的对他们十分重视。

也许我的方式出了问题。我的敏感度也远远不够。我无法觉察和共情到他们那一刻的需求，甚至不知道有需求。每个人都有自己的敏感阈限，而我的值又那么低。我该小心地维护着每个人的自尊水平，呵护着他们的价值感，在该觉察到周围的时候要觉察到，该猜到对方怎么想的时候就猜到。可是我没那么厉害，我有时候会忙碌，还有的时候会游离，有时候觉得集中注意力都是一件困难的事。结果就是——有一些人感觉到我很冷漠。

包括曾经一个读者，加了我微信后，发了个消息。我两个小时后才看到，然后回复，失败，发现已经被拉黑。我又把他加回来，问他怎么了。他说，以为我很高傲，不回复粉丝消息。

不禁想到，其实在感情中也经常如此。当对方有一丝不爱和不重视的意向的时候，马上就感到无比失落，觉得对方不重视自己，不爱自己，然后在自己心里无数次翻滚。明明知道他可能在忙或者没想到这些，但还是压抑不住自己的失落。那一刻很需要被关注。

我在想，什么样的人会这么需要被看见，需要被关注，需要被爱。不仅是需要，而且是需要别人每个动作都能证明他们是得到关注的。

我发现他们做了个假设。一旦他们观察到蛛丝马迹，马上把矛盾指向了：我是不值得的。我不值得他重视我，不值得他看到我。如果他们不愿意看到这点，就会往表面走一走：是对方的错，对方对我不好。

对方也有错，包括我。错在真的冷漠，没有那么在意和重视。只是，没有那么在意和重视，就等于不重视和不在意了吗？如果没有做到他们想要的 100 分，就只能被定义为 0 分，被抛弃？

当他们感到自尊被伤害的时候，就会选择本能地退缩。他们经历了这样的心理过程：在你进一步拒绝我前，我要先把自己小心翼翼地保护起来，这样你就不能再拒绝我，我就可以保护自己的自尊了。这成了典型的：我假设你会拒绝我，那么在你拒绝我之前，我要先把你抛弃掉。这样我的自尊就会好受点。

只有自我价值感低的人才会过于在意自己的自尊水平。因为本来就不多，所以不能更少。

而关系中的另一头，常常不知道发生了什么。甚至当一个人默默受伤离开的时候，另一头依然不知道发生了什么，甚至都不知道有一个人默默地离开，不再联系了。假如我这个课里的同学默默地认为我是个冷漠的人而不愿意跟我来往，那么我就成了罪人，浑然不知地伤害了一个人。

很多时候，对方并不是我们所想的那样。

这与自尊无关。他不理你，不给你祝福，没有给你回复，没有给你笑脸。不是你不值得他这么做，不是他忽视你或不愿意为你这么做，更可能是他根本不知道你这里发生了什么，他甚至不知道你想要，更无关于他不想给。给一个回复和招呼，这么简单的事情，有谁不愿意呢？

我发现因为敏感而退缩的人，除了有较低的自我价值感外，还会有这两个期待，夸张点说就是：

1. 当我想什么，你就要知道，并且能够满足我。或者，当我暗示你，你就该知道，并且来满足我。

2. 当我去做什么，你就该马上看到，并且给我积极和及时的回应。

当这两个期待实现不了的时候，我就感觉到很受伤，想远离你。

有时候我也觉得很无奈，还没有面对面产生交锋，自己就在关系里败了下来，而把另外一个人陷入了不仁不义的境地。这样做真的好吗？

除了提升自我价值感，相信对方其实一直有满足自己外，一致性沟通是个很好的办法。

去核对：

我昨天跟你打招呼，你没有理我。我感到很受伤，我觉得你很冷漠，是这样吗？

我过生日你没有给我祝福，我感觉到很难过。我觉得你不重视我，是这样吗？

……

如果我得到了一个肯定的答复，那么这个就不再是假设，而是一个事实，我就可以放心地受伤，放心地放弃这段关系了。当然，一致性沟通是需要克服一点自尊感的。

如果我既没有核对，又没有价值感。我在大脑里臆想出来关于他的一堆不好，然后把这样一堆不好强加给他，并默默地疏远两个人的关系。其实这时候我是把自己的假想当成了事实。

最后就是，他可能真的没有把你当成世界的中心来在意你，他真的没有那么在意你。但这也不代表他完全不在意你，也不是你想的在意度那么低。

而你，把假想当成事实，既伤害了自己，也伤害了他人，更伤害了关系。

或者，你做了这样一个定义：他就是不够重视你。只要他不是100分地重视你，就是完全不重视你的0分。敏感的人只允许对方有两个值：不是非常重视即是完全忽视。

这样，真的好吗？

当我们看不惯的时候，我们发生了什么？

1

看不惯是这个世界上最匪夷所思的事情了。用通俗的话说就是：他怎么样，关你什么事？

似乎从逻辑上找不出他对你的必然影响，但我们似乎就喜欢看不惯。比如说，看不惯别人嘚瑟，看不惯别人过得比你好，看不惯别人运气好，看不惯别人财大气粗，看不惯别人游手好闲，看不惯别人不怎么努力就有钱。如果说这些看不惯是因为嫉妒，那么有种看不惯我就不能理解了：看不惯别人铺张浪费、占小便宜、自私自利、阿谀奉承、虚伪做作、斤斤计较等等。仿佛自己要做救世主，把别人错误的行为给掰过来。

我们使用看不惯的方式，通常也很滑稽：不屑一顾，你有钱又怎么样，这种人渣，我根本看不起你；诅咒，你这样迟早会吃亏的，你这样的人肯定不会成功的，会遭报应的。

如果我们有观察，就会发现事实常常不是那样：我们看不惯的时候，自己脸红脖子粗，该怎么落魄还怎么落魄。我们看不惯的那些人，反而逍遥自在，不亦乐乎。

所以，我觉得有必要反思一下人们常说的这句话：你看不惯，是你的修养不够。

2

看不惯是一种自我中心主义。这种自我中心就是：我们把自己信奉的价值观当成了全世界的中心，希望全世界的人都这么做，而且把自己信奉的价值观当成了绝对正确的，只要不同意我们的，就是错的，就肯定会有不好的下场，就该被看不惯。

所以，我们可以问一下自己：我们看不惯什么？我们应该去听听看不惯背后的规条是什么。当我们看不惯别人铺张浪费、自私自利，我们的规条可能就是"人应该勤俭节约、乐于分享"，并且把我们信奉的这些当成了好的。如果我们看不惯别人的虚伪谎言，我们的规条可能就是"人应该诚实、真诚"，并觉得这是好的。这是好的并没关系，问题是：我们会把别人的行为弄成错的、不好的，不如自己的好。然后我们用看不惯的方式来要求他人放弃自己的价值观，来认同我们的，按照我们的价值观做。这，不就是自我中心主义吗？

有的人还会看不惯那些富二代的啃老族们，觉得他们没志气，并诅咒他们"肯定会坐吃山空"。富二代们又会看不惯屌丝男们不敢投资，瞻前顾后，为贫穷的现状找借口。有的人看不惯 90 后的张扬矫情，觉得人应该低调务实。90后又会看不惯大叔阿姨们的死板陈旧。你看不惯的人也许正在看不惯你。究竟谁对谁错，谁好谁坏呢？谁该按照谁的价值观来生活呢？谁的活法才是"应该"的呢？

没有应该。每个人所处的时代、家庭、背景都不同，他们养成了不同的生活习惯、行为作风和思考模式，每个人都有自己的命运。每个人都应该被允许和我们不同，都应该被尊重。也许你的道德标准教会了你好坏对错，但是道德不是强迫人遵守的，而且不同的文化还有不同的含义。

一个有修养的人不会有这么多看不惯，因为他懂得尊重他人和自己的不一样。他会坚持自己的价值观，同时又不会把自己的原则当成世界的中心，要求别人来遵守。

连法律都不会强迫人一定要有某种价值观。你不是神，不是法，你能做的，只有用看不惯来惩罚一下他人吧！然后你开始评判，不符合你标准的就被你在心里指责，然后在你身体里产生情绪。这些烦躁、生气、委屈等由看不惯而产生的情绪，折磨的是你自己。

3

看不惯还是一种索取。看不惯的本质就是对自己自我价值感低的一种愤怒。然后，想从别人身上得到点价值感。如果我们不能证明自己是对的、是好的，起码我们要证明别人是错的、是差的。

因为如果你去聆听，看不惯就是在说：你这太不正常了、太低级了、太错误了、太不好了。你的这些行为和思考方式都是错的、不好的，都不如我的高级。我就不会像你那样。通过这个心理游戏，人们就成功地完成了对他人的打击和否定。

这是人们喜欢跟自己玩的自我价值感的游戏之一：如果他人不

能主动来证明我是好的，我就主动出击来向他展示我是好的。比如说，通过打击和否定他来完成。虽然这样也无法改变事实，但起码在我的心理世界里完成了"我比你好"的建构。因此看不惯就成了：我如果不能比你好，我也要假装比你好。

这种欺骗的奇妙之处就在于，全世界只有你自己相信这个假装是真的。这感觉就像是掩耳盗铃，反正你听不到了。并且，你自己相信了。

所以，那些自我感觉良好的人容易看不惯。他无法证明自己好，只能通过证明别人不好来感觉到自己好了。

打击完了并不算完，接下去还会发展出一个期待来：期待他认同自己的活法，以便进一步巩固自己的活法的确是好的这一意识。

4

看不惯就是这样一种在自己的世界里自导自演的一场心理游戏。最终结果就是：你做得不好，不符合我的原则，我就用生气、烦躁、鄙视、诅咒、看不惯等一系列情绪来折磨我自己。

即使你对了又怎么样呢？你还得拿出精力来关注别人做得怎么样，做了什么，你还得高雅地控制住自己的情绪。你需要分散出这么多的精力，而你看不惯的人却快乐地做着自己的事。你说结果会怎么样呢？

没有人让你看不惯，除了你自己。

看不惯只是跟自己在战斗。在自己的世界里完成了假装比他好。只是，你要假装到什么时候呢？

你可以做一个新的决定。

那些让你看不惯的人，其实都是来帮助你修行的。帮助你看到自己

正在坚守那些固有的规条，帮你看到你怎么在跟自己玩价值感的游戏。如果你愿意，你可以借着看不惯的时候更加了解自己，然后重新选择，是否依然要坚守自己的规条。如果你要坚守，很好，但请允许别人不必也像你一样坚守，来认同你的活法。如果不再坚守，也很好，你可以去尝试另外一种看待世界的方式，像那些你看不惯的人学习一下：他是怎样在这种价值观的指导下，依然可以活得很好。

5

当然，你也可以继续看不惯，认为都是那些人的问题。我废话这么多，是我的问题，你也可以看不惯我废话连篇。或者看不惯我看不惯你，每个人都有自己的命运，我尊重你选择价值观的权利。

这并不影响我很喜欢你。

因为我就是喜欢你看不惯我，又不能把我怎么着的样子。

但是你的表达方式让我不舒服

你说得很对，

我见过很多人思维敏锐，辑性强，非常聪明。当他们开口时，你会发现他们的言语非常有见解，甚至深邃而独特，让你有时候会暗暗佩服。但是当他们说到你的时候，你会觉得不舒服，他说得似乎都对、都在理，但自己就是不愿意接受，总感觉哪里不对头，但是又说不上来。

这就是常见的：你说得很对，但是你的表达方式让我不舒服。简而言之就是：那只是你的观点，请不要强加给我。再退之就是：你才有病，你全家都有病！这三种交流方式也代表着我们对于那些让我们心底不舒服的话的常见反应：说得似乎在理，但是伤害了我的感情；说得不在理，伤害了我的感情；说得很偏执，激起了我的反抗和愤怒。

如果我们用个词来概括这几种沟通，就是不同层次的·攻击性。

生活中总能遇到那么些人，无论他怎么掩饰，面色和蔼，你都能嗅到他身上的火药味。即使你们在很客观地讨论一个问题，你也能感觉到他身上莫名的情绪。有时候你的情绪也会被唤起，让你很反感，甚至愤怒，以至于让沟通成为了言语形式下的情绪暗斗。说了什么全然不重要，只想在气势上干倒对方。表面上是在探讨一个问题，实际上是在证明一种尊严和正确，想抢得一点正确的制高点，以保留自己内心仅存的一点捍卫的土地。

这也是很常见的一种感受。为什么有时候你明明在跟一个人讨论一个问题，但是却感觉不在一个维度上？

在一次聚会的时候，一个心理师和一个朋友都来参加。听了她们几句很有情绪的对话后，我先是在心里默默嘲笑了这个心理师，然后根据"你所看不惯的其实是你正在做的"的理论，又嘲笑了自己。

心理师：我是个心理学爱好者（经常这样谦虚）。

某朋友：我是心理学老师（是真的在中学教心理的老师）。

心理师：我们都把自己称为心理爱好者，你把自己称为心理学老师，就是显得比我们高级呗……

某朋友：不是这样的，事实是我一点都不喜欢别人叫我老师……

心理师：我觉得你这就是在阻抗！一点都不去反思自己的问题！

"你这是在阻抗"是心理师们常开的玩笑。当心理师们遇到挫败的时候，会把问题归因于来访者。而这是心理咨询的大忌，所以，我们常用这句话来开玩笑。但是当这个心理师很认真地说出这句话的时候，还是让我大跌眼镜。

我忍住了没有评判，但我是想评判的。我觉得她错了，一个心理师怎么可以这么无知和固执，怎么可以有这么强的攻击性？！

然后，我又觉察了自己的想法，就开始嘲笑自己：你所嘲笑的她，不正是你在对她做的吗？

是的。我也常常跟人争论，常常失败。然后以看不惯、鄙视、否定、狡辩、不屑等方式完成攻击。我常常觉得对方有问题，却不愿意看到，虽然我没说出"你这是阻抗"这句话来，但我思维的过程和这句话没有两样。

觉察是个很好的修行方式。我开始觉察我整个内心的活动，开始去看自己的攻击性。

在以前心理训练的时候，有过一个"你为什么想成为心理师"的动机训练。我曾经很鄙视那种为了"看起来很智慧"的人。我想我也这样了，为了显示我是对的，我知道的很多，我掌握了真理，知道了潜意识动力，所以，我要通过各种"野蛮分析""传播真理"来让人们"拨开云雾"。我把价值感建立在证明"我是对的""我是睿智的"基础上。当人们不能主动这么表扬我的时候，我就要主动出击，主动去发现别人的错误，主动给他指出来，并且我常常以"为你好"的名义指出他的错误来。有些人会很配合我，若有所思地认同我，然后强化了我强大的形象。有的人不配合我，这让我很生气：那么多人都认同我，你凭什么不认同我？肯定是你的问题。

这显然不是一个好的逻辑，但我就喜欢那么跟自己玩，而且默默玩了很久。

当争论没有结果的时候。为了维护自己是"对的"的地位，我常常会展开第二波攻势：拼命证明你是错的。你这么做哪哪儿不好，你的观点和思想哪哪儿有问题，你做的这件事多么错误与不值得，我会利用我庞大的知识体系和"杀盗非杀人"的强大逻辑来证明，直到对方哑口无言或我们陷入僵局。

我用了很久的时间承认了这个事实：我是一个逻辑良好的有攻击性的人。

也用了很久的时间，我承认了另外一个事实：还好我有觉察能力和自我反思能力，这让我不至于陷入极端。

攻击性不过是想证明自己是对的，借以展现自己的价值。当不能证明自己正确的时候，至少要证明对方是错的。当不能证明对方错误的时候，至少要在心里这么觉得。攻击性就是通过这样一系列的心理游戏来实现自己的优越感。

然而他人是怎样的，我全然无知。他人表现出来的不一定都是真实的自己，我观察到的他人表现更可能不是真实的他人。我用自己的经验和体系给他人贴上对或错的标签，过早地下了个结论，只能说明我是个肤浅的心理师，甚至是一个病得不轻的人。

攻击性也是用来防御的方式。当不能攻击的时候，就意味着自己要被否定。为了避免自己先被否定，要先出击。或者，为了避免自己被忽视，要先用攻击的方式告诉别人：你要看到我。

还好，我承认我有病。有病就能治，治了就能好，能好就还有希望。

还好，我还有救。

很多心灵导师在教人们不要去评判。但是后来我不这么觉得，真正的关系并不是不分是非、不指出对错、完全不评判，而是建立在尊重基础上的交流。人们之间的交流，语言只是为了传递信息。除了我们要共同协作完成某个任务，然后不相往来的那种关系外，其他的都需要建立在感情的基础上。在和陌生人、朋友、同事、恋人、亲人等关系里，我们与他们的对话，必然是先建立连接，才有可能完成交流。

而完成让对方听到并听进自己的话，采取或至少考虑自己的意见，不急着抗拒，其实也没那么难。在自我成长的路上，我慢慢学会了以下这些，便可以更好地去交流：

倾听。这似乎是最简单的一个词汇，每个心理师在学习之初都会强行进行的训练，但是后来却被渐渐忘记。这绝对不是心理师专属的词汇，它属于每一段关系中的每个人。有时候某段关系里，我常常想"不用说了，我知道你怎么想的，我知道你要说什么"，然后打断了对方的继续表达，急着发表了自己的观点。后来才知道，无论你知不知道对方怎么想的，都是自己的主观臆断，都需要去耐心听完。

倾听才能理解，理解才能交流，交流才能说服，而不是要求对方"你要理解我"。对方的理解是建立在自己可以倾听并真正理解对方的基础上的。

尊重。这个也是我们都被训练过太多却又被渐渐遗忘的词汇。尊重就是不搞英雄主义，虽然一个人可能博学，但其理论程度的正确度却未必及菜市场上的王老二。典型的例子就是那道难倒了无数博学之士的化学题："A 由 B 转化而来，B 在沸水中生成 C，C 在空气中氧化成 D，D 有臭鸡蛋的气味。请问 A、B、C、D 分别是什么？"答对的居然是菜市场上的王老二：A、B、C、D 分别是鸡、鸡蛋、熟鸡蛋、臭鸡蛋。真理可能就掌握在看起来无知的人手里。

尊重就是放下"我是对的""我是唯一"的执着，允许对方和自己不一样，甚至去向对方学习可取之处。尊重也是放下了任何可能的姿态，在人格和感情面前，我们是全然平等的。并且，我愿意保持谦卑的姿态

来让你感到舒适。

　　好奇。这是我后来学会的很开心的方式，去好奇每个人的世界里发生了什么。先把自己的观点和真理放一边，去好奇那个人，他为什么要这样，他怎么了？不是去分析，只是去好奇。像一个小孩子看着偌大的世界一样，充满了新鲜感。新鲜之后进而敬畏。

　　出发点。小心地检查自己为什么要说这些话，为什么要这么做。是否夹杂着优越感的动机，还是单纯出于想要关心。我发现不同的出发点在第一句话表达出来后，就会得到不同的反馈。当我夹杂着想证明自己的优越感的时候，我很容易遭到拒绝，这种拒绝让我很不爽，我会进一步想解释清楚。但是当我出于关心而说话的时候，我也常遭到拒绝，但我会允许被拒绝而不会觉得不爽，因为我只是希望他好。

　　心态传达出来的，就是非语言的沟通。情感连接的建立，也是非语言沟通完成的。只有非语言的连接做好了，语言的沟通功能才可能实现。即使说服，也变得没有那么难了。总之，先连接，后沟通。

　　这都建立在让自己的心更宽的基础上，重新找到一个可以让自己感受到价值的方法，而不是再采用攻击的方式。

我放下怨恨与报复，

是因为懂得了我要去爱我自己

——

有时候我也很想报复，总觉得那些伤害我的人应该千刀万剐。有时候我又劝自己原谅他们，却又做不到。于是只学会了跟自己说：我不恨他们，他们也别靠近我。隐约中又难以说服自己，因为恨一直在。

背着伤走的人，通常是疼痛的。有时候也知道该放下了，但就是放不下。曾经，那么多人无情地伤害了我们。

有来自妈妈或爸爸无尽的伤。依稀童年，都是阴森的回忆。家里空无一人，爸爸、妈妈过于忙碌而忽略了自己，他们的事业永远都比自己重要，只要工作忙，自己随时就会被抛弃。他们即使在家也常常吵架，并且会殃及池鱼。为什么他们之间的冲突，要把自己带进来？有的妈妈会跟孩子说"去跟你爸爸说，我想跟他离婚"，而这个孩子并不认同妈妈，只想拼命地逃脱这种控制。有的妈妈会不让孩子跟爸爸联系，千方百计地阻挠。有的爸爸在酗酒和没酗酒的时候都会无尽地辱骂，指责孩子这也做不好，那也做不好。似乎只要去做就只有做错被骂这一种结果。有的爸爸要孩子听话，一旦孩子不听话他就开始耍赖控制。很多人说，他们和父母的关系并不好，因为疏离、控制或者伤害。他们唯一想做的事情，就是远离父母，永远不要再见到他们。即使这些人长到三十岁、四十岁，父母已经开始渐渐老去，他们对于父母的恨依然不减当年。

长大后，这些恨也在绵延。我见过一些在情感关系结束后对于前任的怨恨，他怎么伤害了她或她怎么抛弃了他。他们怎么瞎了眼曾经和那么一个极品在一起生活了一段时间。在分开后，极品前任又做了多么荒谬的事情，又深深地捅了自己一刀。在道德层面上，这个极品前任该挨千刀，但是现实却常常是他们依然活得逍遥自在。于是，被伤害的人更加感叹命运不公，或者更加怨恨，甚至想要去报复。似乎只有把他们打倒，致残，让他们明白：看，这就是你伤害我的下场。或许还会加一句"看你以后还敢不敢"，同时也清楚没有以后了。

对于生活也是如此。总是不经意就被生活伤害，被朋友伤害，被陌生人伤害，被最信任的人欺骗。如果去探寻，总能发现自己常常成为受害者。虽然有时候强迫自己原谅对方，但是发现依然做不到。

于是，继续带着曾经的伤一路走，五年、十年、二十年。

我慢慢地认同，任何人都是应该也是值得被宽恕的，但并不是所有人都能做到轻易宽恕对方。那需要莫大的爱、莫大的心理能量才可以去完成这个动作。博爱众生，周济天下。

　　但是我开始慢慢承认，无论我们怎么保持恨，都难以再去改变现状。即使想报复，也不会挽回任何局面。留着的这些恨，除了伤害自己外，毫无其他作用。曾经读过刘震云的《我不是潘金莲》的故事，被深深感触。一个年轻貌美的新婚女孩，怎么被冤枉成潘金莲，怎么恨丈夫，怎么恨社会不公，为了泄恨，为了报复，不停地上访。一上访二十年，人老珠黄，孩子没时间管，托给别人，得了一场场大病，生命垂危。二十年后被冤枉的恨还没有解，曾经的丈夫也因为车祸意外去世。二十年的恨，还没有来得及报复，就已经结束。

　　也许暂停一下恨，才会去了解恨，去听听它在说什么。

　　恨是因为爱，恨是因为还想要，也许我的意识告诉我，已经不可能要到了，也不想要了，但是我的心在说我还想要。我想要你补偿我，我想要你改变，我想要你给我安全，想要你给我爱，想要你尊重我，想要你理解我、保护我。恨的深处有着还想要的渴望。只是我知道要不到了，我不得不发展出恨来惩罚下你，也保护下自己，假装我还可以得到。我不愿意放下恨，是我假装还可以得到。我幻想着可以回到过去，可以一切重来，可以不要这样。如果我放下恨，这就意味着我再也得不到了，意味着我放下了，再也回不去了。所以，我不愿意放下。

　　恨只是在说：你不给我，我就报复你。

　　当你真正去聆听恨的时候，会发现恨的深处，是一股哀伤。这股哀伤在说：看，我多么可怜，多么累，多么需要。

　　只是有的人真的改不了了，他可能一辈子只能这样，他就是这样的人。有些事情发生了就是发生了，再也回不去了，伤害就在那儿了，再也改变不了了。这是很无力的事实，我们错过了那个时间，我们拥有了现在，我们不可能再回到过去了。

恨是一种感受，是一种情绪。这种情绪积压在体内，就是一些顽强的毒素，不停地伤害着自己。恨让我成功地背负着过去不放，让我负担很重。我背负着过去，我惦记着不放，我时常拿出过去来折磨一下我自己。当事人都已经不在这儿了，但是我还是要拿过去来折磨我自己，然后恨他恨得牙痒痒。恨让我活在过去，让我不能专心于现在。

于是我想，可以尝试着放下恨。不是因为我要原谅你，不是因为你可以被我原谅，而是我想放过我自己，我想学着爱我自己。如果天有眼，天会替我惩罚你，但我不想再惩罚我自己。

我想轻松，我想全身心活在当下，我想用美好的心迎接未来。我不再受伤，不再被你伤害，不再被往事伤害。曾经，我决定不了你伤害我。但是现在，当你离开，我可以决定不再用往事伤害我自己。我可以决定成为我自己，我不需要再害怕，因为我已经长大。我可以选择轻松。或许有哀伤，但我依然如此决定。曾经你给不到我的，曾经你拿走的，我不再去问你要，我可以自己去创造，自己去争取，自己给自己。我不必再向昨天的你要，但我可以向今天的自己要。

我宽恕的不是你，而是宽恕我自己。

用付出的方式去索取，
挽回不了爱情

现象

听说了很多凄凉的问题，关于爱情，关于亲密关系，关于婚姻。

有个女孩，四年爱情长跑，两个城市，一段距离，满心的期盼，却换来更大的距离——跨国。又是两年长跑，八个小时的时差，带着抱怨，带着怨恨，带着期待，带着委屈，带着太多无奈。女孩埋怨男孩为什么要出国，男孩没有解释。于是，女孩做了一些不好的事情，男孩知道了，更加不知所措，大洋的彼岸，心碎的声音，深夜和白天的哭泣。女孩说："我错了，希望能有机会改正，希望去好好弥补。"女孩说，一定要珍惜，一定要做个好妻子。男孩却冷冷地说："需要时间和安静。"后来，女孩知道了男孩在大洋彼岸也有喜欢的人了。女孩茫然了，不知道是要留在这个城市去拥有好的工作，还是放弃现在工作的机会去他的城市找他。

走还是不走，放还是不放。在面临纠结错综的感情的时候，这是首先要面对的问题。

有的人放弃了，有的人还在坚守着。有的人找到了更好的结果，有的人一直没有等到想要的结果。在咨询室里，这个问题被无数次地问到，这个问题也有无数的答案。这个问题曾有无数的观点，可还是一遍遍重复着茫然。

当初，什么原因走到了一起已经不重要。重要的是现在该怎么做。可是，这不是我关心的，不关心是该放弃还是继续挽留，不关心是谁对谁错、谁对不起谁、谁又该让步。我只好奇现在发生了什么，内心经历了怎样一个过程，在这段关系的互动中，呈现了怎样一幅图画。

1. 不停地用付出的方式去索取，挽回不了爱情

我看到了女孩给我描述的图画，女孩期待男友可以原谅自己，可以放下过去从头来过。女孩不停地给男孩写信，告诉他她有多么地爱他，多么愿意为他付出。女孩不停地告诉他，她现在有多痛苦，多难过，多后悔；女孩不停地告诉男孩他的冷淡给了她多大的伤害；女孩一直在说她虽然有过一些不好的行为，但心还是属于男孩的。她拒绝了很多追求她的人，拒绝得很坚决，不像男孩一样心已经不能专心给她了。而男孩是那么无情、那么不愿努力，还告诉她不要等了，去找一个更好的吧。在女孩那么努力的时候告诉她，他只需要一些安静。

我也看到了另外一幅图画。女孩有些讨好，用她的眼泪和誓言去讨好，甚至用她的自我牺牲去讨好：牺牲好的工作，远离家乡，

可是男孩收不到。于是女孩有些指责，指责男孩不该冷淡，不该忘不掉过去，不该把心思分给别人。这种讨好又指责，带来的是最差的感受，女孩纠结、愤怒、委屈、无助，孤独。女孩背负起全世界，只想得到一个他，可是男孩却熟视无睹。女孩的观点是：只要够努力，就能够去感动；只要让他感动，他的心就能回来。不能再频繁联系让他更烦，不能不去联系，他会真的忘记，不能告诉他自己的事情，他已经不想听，可是爱一个人才会跟他讲那么多故事。女孩对男孩有些期待，期待男孩可以回头，期待男孩专心，期待男孩给她一个机会。女孩对自己也有些期待，期待自己成为一个好妻子，期待自己可以感动他。可是女孩还是有些东西看不到，那就是自己的渴望。女孩只是渴望男孩给她一些关注，给她一些爱，给她一些安全感，告诉她可以等他，这样女孩就什么都愿意去做。

女孩说，她很了解他，他心软、善良，她正是抓住了他的心软，才愿意去争取。

2. 不清楚对方的真正需要，濒临分手的爱情让人纠结

可是女孩看不到男孩的内在。在男孩的心里，又发生了怎样扑朔迷离的变化。男孩也有些彷徨，有些惆怅，男孩有些逃避，我们称之为打岔。男孩也有些愤怒，有些委屈，更有些孤单和无助，男孩没有那么坚强。男孩有些想法，留恋曾经的美好却难以接受当下，和女孩一起的日子曾经是那么美，现在却是那么苦楚，女孩做了不可被原谅的事情且他又无法去接受，想要和女孩再度美好却怎么也找不回曾经的连接，那份内心深深的连接。男孩在表达自己的无奈，希望不要再联系，希望有些安静，这些是男孩的期待。男孩希望并期待自己可以去面对伤痛，男孩不想再纠结却找不到出路，希望让

女孩放弃，好让自己做出选择。男孩看不到未来，放不下过去，这是男孩的痛苦。可是他们又都忽视了男孩真正的渴望，男孩说他需要清静。需要清静只是男孩能说出口的唯一词汇，还有些东西男孩想要却不敢，身在异国他乡，男孩渴望被温暖，渴望被关注，渴望被理解，渴望有连接，渴望自己不再那么孤单。男孩不知道怎样向女孩要，因为女孩现在是这么脆弱，甚至有些让人心烦。所以，男孩选择了从别的女孩身上去要，却又陷入了内疚，更加迷茫。男孩不知道，他像一个蛋壳一样，小心翼翼地保护着自己。

男孩想摆脱这些纠结，这样就不用内疚，也可以安心地去满足渴望，对于理解、温暖、关注、连接的渴望。男孩满足渴望的方式，就是让女孩给自己安静。而女孩满足渴望的方式，就是不停地用付出的方式去索取、去要，不得，又讨好或指责。

上帝只是在云端轻轻眨了下眼，就让彼此都看不到真实，而选择了在自己的世界里继续苦苦挣扎。

3. 在爱里，我们要看到彼此的渴望是什么

关于爱情，其实我们可以做的很简单，就是看到彼此的渴望是什么。当愿意看到的时候，才开始明了，该去决定，要选择什么，放弃什么，要怎样去做。

每当我在咨询室里听到这些故事的时候，我常常和他们讲一个隐喻，你有一个瓶子，他有一个瓶子，这个瓶子是用来装心理营养，用来装渴望的。因为爱，两个人在一起。当彼此心理营养都很充足的时候，两个满的瓶子相遇，相互补充，相互交换，相互滋润，是一段甜蜜的关系。但是又由某些原因开始，因为彼此的瓶子匮乏，而开始分歧。剩下两个空瓶子面面相觑，一直通过各种心理游戏来

索取，索取，向对方索取，希望对方能把自己这个空瓶子填满，填满爱，填满关注、理解、温暖和连接。可是又看不到，对方的瓶子和你一样匮乏。于是产生分歧，于是升级，于是走到了十字路口，于是开始彷徨，开始质疑：爱还是不爱，该走还是不走。

有时候他们会说，因为不爱了，所以要放手。又只是因为习惯了或其他原因，舍不得离开。爱情像一根鸡肋，放还是不放，都是一种痛苦。但是通常，我不会相信他们的这些话，也没有答案可以给他们，因为我不相信，真的不爱了。倘若真的不爱了，可以很好放手，不需要一些理由的阻碍。

在内心的最深处，还有一样东西被小心翼翼地保护着，那就是关于自我的存在。他们的相爱，或者曾经产生过爱的感觉，是因为在灵魂上曾经产生过交融，深深地连接，曾经忘记了自我的存在，忘记了自我还是个个体，而融合在一起，那就是爱的本质，也是来承担爱的载体，是爱的接收器，也是爱的源泉。只要那个东西还存在，所谓的爱，完全可以再度升起、燃烧。可是自我又那么弱小，像一团即将熄灭的火，等待着拯救，等待着爱来滋养，等待着燃烧。于是外在表现，就是渴望爱，期待爱，拼命用各种心理游戏去索取，不得又感到受伤。

透过层层问题的表象，需要做的，仅仅是认识到自我的存在，然后在这个层面上，再度连接，再度交融。这个自我，就是瓶子本身。

所以怎样去面对关系，也开始渐渐明朗起来。

4. 如何认识到自我的存在，并且让自己变得更加坚强

让自己的瓶子变得充盈，成为好的源泉、有力量的火种，然后填满、滋养，生出爱，然后去给他（她）。那样出来的爱，不是索取，

不是控制，不是牺牲自己。

第一步，看到。看到在关系里发生了什么。在两个人的内在世界里发生了什么。

第二步，决定。在当下做一个决定。要不要去改变，敢不敢尝试。无论做不做决定，都在面临着三个选择，选择放弃，不再去努力尝试，然后接受相关的代价，带来失落、懊恼、后悔或者有幸找到新的出路。选择继续纠结、痛苦、挣扎，在关系里继续用原来的模式继续着原来的结果。选择去改变，尝试改变，尝试用另一种方式去面对。我会建议来找我的人选择最后一种，去冒险。因为如果你冒险，你失败了，你就多了一个原因去决定。你真的在中间努力过，你没有放弃。如果现在停下来，你就是放弃了。如果你做了，没有成功，也许你就真的可以放下。对你来讲，现在放下就等于放弃了。也许你可以做得更好，对你自己再多了解一些。

第三步，把自己的瓶子填满，让自己真的强大起来。深深地扎根于大地，扎根于宇宙。首先肯定自己，肯定自己的存在，然后给自己一些欣赏，坚持到现在，都没有放弃。再给自己多一些肯定，让自己强大。然后爱自己，去爬山，爱美食，好好工作，照顾好家。给自己关注，给自己力量，给自己温暖，给自己爱。做自己的主人，自给自足。这是一个很难去说明白也是很艰难的一个过程，也是最重要的一个过程。通常对不同的人，我会和他们探讨用不同的方式去照顾好自己。可是我始终无法总结出一种亘古不变的方式。

第四步，自己的瓶子充盈的时候，就不再会去向对方索取，而是能够给予他。给他无条件的爱和关注，给他理解和温暖。付出爱的时候，也不再渴望该怎样去面对他的反应或冷淡。而这才是真正的爱，不求索取回报的付出。这才是真的感动，对方不会因为你做的事情而为你感到担心，不再因为心软而心疼你，不再委屈自己去满足你。而是慢慢融化心中的冰，慢慢敞开自己的心扉，慢慢跟你学会如何付出爱。这是一个漫长的过程，少则数周，多则数年，绝非两三天能做到。

最后，就是小心去维护关系，时刻检查自己的瓶子和他（她）的瓶子的状态，是否充盈，是否是满的。

关于爱情，是个很有意思的话题，有些简单，又有些复杂。关系里有你，有我，两个世界都需要去关注到。

关于亲密关系，不仅需要顾及两个世界，还有一个很微妙的世界，还有一个很容易被忽视的视角，在关系里起着至关重要的作用：我们。我们的世界。

"我们"的世界里的男孩和女孩，都沉浸在自己的世界里，忽视了对方的世界，更忽视了"我们"本身，那就是"我们"的渴望，还是渴望能再度相互满足，再度在一起的。

关于爱情，我最后的一句话，就是**不要再等待着被满足，不要再不停地去索取，走出去，走过去，走出来，就看得见阳光，一直都在。**愿天下有情人，终能看到深处的爱。

亲密关系中
有了冲突怎么办 ——

无处不在的夫妻冲突

古人说，家和万事兴。

简单一个"和谐"，道出了千万家庭的期待。然而恰恰这个和谐，在很多家庭里成为了一种奢望。无论你结婚多少年，你总能发现在夫妻关系里，那些因为差异引起的冲突让你头痛不已。有人说，结婚多年，每个月总会有那么几天想掐死对方。这种对于冲突的无奈，谁又曾少过?

当生活琐碎，激情消退，夫妻间会因为种种原因而争执不断、剑拔弩张。这时候，你是否曾有过这种感觉:又来了，怎么老是这样?的确，认真思考一下，我们或许会发现:冲突其实一直都存在，争吵的焦点似乎也总是那几个，但争吵的问题却始终没有被很好地解决过。

关于去看电影还是去逛市场，你曾和妻子争得是面红耳赤；

关于谁做饭、谁洗碗，你曾和丈夫吵得不可开交；

关于是借给姑姑钱还是借给舅舅钱，你们曾互相指责、否定；

假期时间分配，房子装修，压岁钱给多少……

每一个问题似乎都在考验着这条感情链的牢固程度。而往往，这些小矛盾会被延伸、夸大成为大冲突，甚至最终让家庭处于分裂的边缘。到那时，对于当事双方来说，早已全然忘记了当时为什么而冲突，只记得：你这里做错了，你那里不好……

有时候我们会很感叹，两个人既然在一起了，为什么会因为这些芝麻大的事而争吵，还吵得那么严重，最后甚至会想到是不是结错婚了的地步。其实，这些柴米油盐的事，不就是夫妻间的那些事吗？而正是这些事，体现和修炼着夫妻关系。

所谓夫妻冲突，就是指夫妻双方在同一时间对同一事物存在着两种不同的需求，因都想满足各自需求而产生的沟通冲突。

比如这个很常见的故事缩影——

结婚多年的夫妻，有天下班回到家，两个人都很累。妻子做家务的时候不小心把指甲弄断了，于是就去找指甲剪：

"老公，我指甲不小心裂了，你有见过我的指甲剪吗？"

"我怎么知道你放哪儿了？你总是乱放东西。"

"哼！我怎么就乱扔乱放了，明明上次是你用完的。"

这时候妻子一直唠叨个不停，丈夫开始沉默地去找指甲剪。后来在电视柜上找到了，指甲剪被压在了一本书底下。这时候丈夫说话了：

"这不是在这儿吗？"

"你把书放在上面，谁能找到啊？是谁总是乱放东西啊？"

"书是我买的啊，我愿意放哪儿就放哪儿！"

"那车还是我买的呢，你别开啊！"

"那房子还是我买的呢，你别住啊！"

这时候妻子感到很委屈和受伤，她哭着给妈妈打电话，又接着给闺密打电话：

"日子没法过了，他不想要我了，他要赶我出这个家，我伤心死了！"

这是生活中十分常见的一件小事。原本只是一件找指甲剪的小事，最终却变成了一场家庭大战，大大伤害了家庭的和气。为什么会这样呢？

亲密关系中产生冲突的心理原因

冲突在每个家庭和关系中都会存在。一般来说，引起夫妻冲突的主要心理原因有：

其一，观点的差异。

随着社会的发展，自由恋爱被倡导，类似于"凤凰男"遇上"孔雀女"的家庭组合越来越多。这并非是歧视或嘲讽，但必须得承认，这样的家庭组合很容易因为观点上的差异导致冲突。

因为两个人所成长的家庭、所受的教育不同，所产生的价值观、对同一事件的看法也就会有所不同。有的男人认为做家务是女人的活，而女人则坚信夫妻平等，这时候就会因为观点的差异产生冲突。在冲突中，关系里的每个人都想证明自己是对的，对方是错的。在上面的故事里，妻子会认为丈夫应该为她服务，帮她找找指甲剪，给她安慰，而丈夫则认为自己的事情自己去做。冲突就这样产生了。

其二，责任的逃避。

"这次孩子成绩没考好，都是因为你太宠孩子！"

像这样的话在家庭中是比较常见的。当事情发生后，夫妻双方的第一反应往往是先找出是谁做错了，谁是无辜的，谁该为这件事负责，这也会导致冲突的发生。上面的故事中就存在着责任逃避的问题，谁该为乱放东西、找不到指甲剪这件事负责。不得不说，这样的事情有很多：家里缺钱了，是谁工作不努力；一起去亲戚家聚会迟到，谁该为磨蹭负责等等。

其三，安全感的匮乏。

"他是不是不爱我了？"

"他是不是外面有人了？"

"他是不是后悔和我结婚了？"

你曾多少次在心里有着这样的对白和担忧呢？对一个家庭来说，没有或缺乏安全感则往往是导致家庭冲突，乃至家庭分裂的重要原因。

一个家庭所能给予家人安全感的多少，决定着家庭的稳定程度。在夫妻关系中，如果他们坚信彼此都会不离不弃，无论有什么样的冲突，问题都会带着爱去解决。但是如果夫妻关系中安全感不足，亲密关系的一方或双方就会担心家庭随时破裂和失去。丈夫无意间的一句气话，触碰到了妻子安全感的高压线。所以，一旦当丈夫表现出有危险感的行动或说出危险感的话的时候，妻子就会马上联想到：他是不是不想要我了，我是不是要失去家了？

面对冲突常有的处理方式

当你回首的时候，每次你和爱人的意见发生冲突的时候，最终你们是怎么处理的？是彼此冷战、陷入僵局，是重翻旧账、大动干戈，还是心平气和地解决问题？我们会发现他们在处理关系冲突的时候常用这四种方式：

方式1：争吵。

如果夫妻两个都是强势、爱指责的人，常常会通过争吵来解决问题。对于他们，似乎谁的声音大谁就会胜利，谁的道理多谁就会胜利，谁的力量大谁就会胜利，谁的权利多谁就会胜利。总之，事情一定要分出是非对错，才能够平息他们心中的怒火。为了能赢得这场争论，他们还会引出其他方案来解决，如请家庭以外的人来评理，翻出陈芝麻烂谷子的事来否定对方，将问题上升到一个人格的高度或爱的高度来说事。而最后，这件事要么是无果而终，要么是一方闷气妥协。但是，无论谁赢谁输，家庭的和谐都受到了伤害。

方式2：妥协。

妥协有两种，一种是一方妥协，一种是双方相互让步。如果在夫妻关系中有一个人比较弱势，这个人则往往容易妥协。所谓妥协，就是放弃自己的观点来顺从对方的。妥协本身，看似是放弃自己的观点，其实则是一种压抑，将产生的委屈和不愉悦的感受进行压抑，再在将来的某个时间在另外一件事情上爆发。在冲突中，双方常常因为一件小事而大发脾气、大动干戈，就是因为以前没有解决完的情绪带到了现在。至于双方妥协，看起来是相互让步，解决问题了，其实则是一种"双输"，因为我的目的没达到，我为了家、为了你而做了让步，你的目的也没有达到，为了我、为了家而做了让步。彼此都会产生一些委屈和不满。

方式 3：逃避。

有些人发现问题的时候会害怕冲突，干脆不去解决问题，但是问题还在。有的人怀疑对方不忠，但是又不敢说，于是假装不知道，去逃避。有些妻子不喜欢一个人在家过夜，而丈夫又常常出差，妻子怕影响丈夫的事业而不说，假装很好没事，其实丈夫的出差未必是件不可协调的事情，只是妻子选择了逃避。有些人擅自做了某个决定没有跟对方商量，对方不高兴，会压抑着不发表意见，逃避问题。在夫妻关系里，很多人其实因为害怕冲突而逃避问题，看起来他们的关系是和谐的，他们内心的隔阂却越来越大，因为不沟通、不解决，压抑的情绪也越来越多。

方式 4：解决问题。

一个比较好的家庭，面对冲突时常常拿出解决方案来处理。对于小孩子的上学，支持上钢琴班有多少好处，支持给孩子时间自由玩耍有多少好处，他们会用强大的理性来解决问题，让利益最大化。即使观点不一，他们也会搜集很多的道理和证据，来证明自己的观点，好让他们冲突的问题有个最理想的解决方案。只是，他们在解决问题的时候常常会压抑自己的感受，忽略对方的心理需求。家不是一个只用理性来说话的地方，需要更多的人文关怀，在冲突中让关系更紧密。只追求解决问题的家庭，看起来十分优秀，条件丰厚，令人羡慕，但是他们常常会忽略感受，忽略爱，切断两个人的亲密关系，只剩下理性，结果就是有时候你会突然觉得面前这个人十分陌生，少了些亲密感。当然，能做到和平解决问题的家庭，已经是非常不错的家庭了。

让冲突转化为资源

刚才说到的四种方式都会给关系带来一定的冲击。只是，冲突只能给婚姻带来负面影响吗？那为什么有的家庭在冲突中走向了分裂，有的家庭却在冲突中走向了亲密呢？幸福的家庭就没有冲突吗？其实所有的家庭都会存在不同程度的冲突。幸福的家庭并不是没有冲突，而是在冲突产生的时候采用了另外一种方案，让冲突成为了婚姻的黏合剂。他们在冲突里相互支撑、相互学习、相互滋养，然后彼此成长。如果你愿意，你可以将冲突转化为资源。比如说，使用这些方法：

1. 意识到亲密关系里的"我们"是一个共同体。

在步入婚姻殿堂后，夫妻双方就成为了一个共同体，而不再是两个单独的个体。

在冲突里会出现两个冲突的主体：我和你。冲突的时候，是我和你两个个体在争执，却忘了在亲密关系中还有一个重要的元素：我们。在亲密关系里，其实是三个系统的：我，你，我们。如果只看到前两个，在冲突的时候就总会保护一个人的利益而伤害到另外一个人的利益。但是如果把"我们"这个元素加进来后则是另一个局面：其实我们是一体的，我们是一个共同体，伤害到你就是伤害到我的一部分，所以，我不想我们的世界里有一点伤害发生。

有人在被伤害，家庭就在被减分。我们的目标，是让"我们"这个共同体加分，而不是让你减分来换取我加分。

2. 学会将人和事进行区分。

冲突产生的时候，最怕事情和人一起否定。丈夫做错了一件事情或没挣到钱，妻子就会否定他的全部：你这个人真没用。妻子打碎了一个碗，也会被丈夫指责：你这个人什么都做不好。有时候我们明明在说一件事情，可是对方却感觉到自己整个人被否定了。

和谐的家庭要学会将事情和人区分开来。我们对某个事情有了不同的态度，但是我们只针对事情，没有忽略掉爱。我认为这个事情你做错了，应该这样做，但是我爱你这个人。

健康的夫妻关系，则是他们能带着爱去解决问题，而不是带着情绪将之发泄到对方身上。

3. 彼此相互学习。

当妻子想在周末一起去看话剧，而丈夫想一起去看球赛的时候，不要急着要求对方顺从自己。其中一方可以试着去了解一下对方的领域，正好身边有个专家，可以学习到更多额外的东西，丰富自己的世界，也了解对方的世界，产生更多共同的话题，关系自然就更亲密了。

带着爱去做的时候，就容易相互理解，避免冲突。当冲突产生的时候，可以先去看看，他为什么会跟我不一样，有什么新的视角可以整合到我的世界里来。

爱尔兰著名作家萧伯纳曾说："倘若你有一个苹果，我也有一个苹果，我们彼此交换一下，我们仍然是各有一个苹果；倘若你有一种思想，我也有一种思想，我们彼此交流，那么我们每个人将有两种思想。"在亲密关系中也是这样，我把你的视角整合到我的世界，我就学习到了更多，视角更宽广。

4. 自我检视和自我提升。

总是脾气暴躁，总是觉得别人做得不好，总是认为人应该怎样。我们自身的性格，决定着我们在人际关系里会有怎样的表现。在亲密关系里因为不去伪装，会更真实一些。

在亲密关系里有了冲突，正好是一个机会去检视一下自己，哪些地方在固执坚守，是不是有些一定要坚持不放的观念，在其他人际关系中是否也因为这些观念的坚持而产生过同样的冲突。自己有什么样的性格、哪些固有的处理问题的方式，在其他事情中自己是否也因采用同样的处理方式给别人造成过困扰。

亲密关系是修炼自己的最好地方，因为在这里，你可以暴露出自己很多问题，而解决这些问题，就是自我提升。

冲突本身并不可以免除，因为没有相同的两个人，差异会永远存在。冲突本身不是问题，如何应对冲突才是问题。如果将冲突视为夫妻关系的羁绊继而指责对方不对，就会将关系推向危险的悬崖；如果将冲突视为机会，则会提升自己和稳固家庭。

单身 是一种习惯

晚上参加了一个陌生单身聚会活动，和一群单身男女一起，吃吃喝喝，游戏聊天，好不快乐。谁也不认识谁，所以放肆地张扬着，也放肆着忧伤，放肆着快乐。然而回来后，却陷入了另一种恐慌。

这种恐慌无关于单身，而是关于这个城市的恐慌。

单身是这个城市一直在流动的主题。无数的男女或在家宅着，或一直在寻觅，一直单身着。他们一直在扬言找对象，一直在讨论单身，一直在被介绍对象，但却依然在单身大军里游荡。从20岁到30岁，从年轻到中年。然后开始恐慌，对的那一半，到底在哪里？然后开始自我安慰，缘分这东西，强求不得，到了这个年纪，也急不得了，随遇而安吧！

我看着这个群体里，有些称"80前"，还有些称80后。要多大的勇气，才敢说我是"80前"，去和"80年"沾沾边，而逃避掉"我是70后"这个伤感的字眼。1980年出生的，现年也已34周岁，在北京不算大，但在恋爱史上，绝对是剩下的了。然后出现在单身聚会上，有着或没有幻想，或者只是和一群志同道合的人在一起玩一玩，开心一下。然后听着同时聚会的人自我介绍："我叫××，90后。"不知道听到的人，该是何心情。

我对年龄没有多大的概念，却在这个群体里感到一丝的悲哀。

辗转过无数男人女人，在年华里被蹉跎着，幻想过无数爱情，最后却落得空空，开始游走于百合网、非诚勿扰，更多的是这些默默无闻、接连不断的单身聚会。其实在参加之前，已经无数次告诉自己，这里不会找到的，虽然还是寄托着最后一丝自己都不愿意相信的希望。更多的是，在这种单身交友活动中，照例介绍下最后的自己：网名、籍贯、星座、年龄、择偶标准，然后听着另外一群和自己一样的人的故事，获得一丝安慰和认同感：我在这个城市，并不是特殊的，还有这么多人和我过着一样的生活，和我一样的生活现状，在这个群体里，我是很正常的。于是找到归属，找到了自己的生活圈。

每个人都有自己的生活圈。

单身群体也有单身群体的生活圈。他们不乏能力，在各行业里都能一枝独秀。他们不乏才华，在这群体表演里个个身怀绝技。他们不吝表达，他们很清晰地说出自己的状况和择偶的标准。但是一次次单身聚会，依然还是他们，这个本属于陌生人的聚会里，他们一次次熟悉起来，一群熟悉的朋友彼此打着招呼，开着玩笑，然后让几个新加入的人感觉格格不入，不知所措。

我是一个新加入的人，刚去的时候，看他们彼此熟悉地问候着，而我却显得十分多余。我只是短暂停留，并不想沉溺于其中。只是更加好奇，为什么这些人，一直在寻找，却一直寻不得。

当我提出这个问题的时候，他们和我一样好奇。

他们的标准并不高，并不是要求一个高富帅或者白富美；他们的条件并不苛刻，只是要求投缘或者有感觉。他们要的很简单，却一直在单身。他们说自己很宅，或说自己的社交很狭隘，他们有很多理由来解释为何找不到心仪的另一半。

这是我第二次参加这种活动，我也在询问自己，是什么支持我第二次来参加。我给自己的理由是好奇。第一次参加的是桌游，第二次参加的是聚餐。但是我又发现，远非如此。在这个群体里，有另外一种动力在左右。这两次活动，我没有学会打牌，没有学会三国杀，但我还是喜欢这个群体。

我想他们也和我一样，被一些东西所吸引。

所谓的对单身的摆脱的渴望，只是一种说辞。我们常常有太多这种说辞，一方面说渴望挣很多钱，另一方面却讨厌钱的罪恶。一方面说想离开北京回家，另一方面却在北京一待很多年。一方面说该锻炼身体了，另一方面却躺在床上等着这种想运动的冲动离开。一方面说想恋爱了，另一方面却陶醉于单身的快乐。

单身是一种习惯。有时候明明知道某些习惯不好，却迟迟不愿意去改，更有些时候，习惯成为习惯的时候我们已经意识不到是一种习惯。单身的理由有很多：我是做技术的，认识人少；我初中毕业，文凭低没人要；我年纪这么大了，好男孩或好女孩早就没了，如此云云。然后又去参加单身活动，和另外一群单身的异性在一起，讨论着我们彼此想要的另一半。有些世俗的观念在影响着我们，譬如说年纪大了该结婚了，父母在催了，自己也着急了。然后又给自己一个坚实的理由，像我们上面说的：对象不容易找。其实，最终我们还是陶醉于一种状态：单身。

当单身成为一种习惯的时候，我们习惯世界里只有一个人，虽然有时候有些着急，但一群着急的人在一块的时候，就不着急了。因为我的单身在这个群体的情境下，成为了一种常态。

并且乐在其中。

我喜欢一直保持着开放和可能，到哪儿都说，网名、籍贯、星座、血型、择偶标准，然后看着一堆异性猜测着可能性。我喜欢和一群单身的人叫啊、喊啊、玩游戏玩到最尽兴，然后开开心心做自己想做的事情。我喜欢自由，无拘束，开放，喜欢和一群老朋友或陌生人随意聊天游戏，喜欢没有压力。

当我这么说的时候，未必会有人认同。

因为他们真的是渴望摆脱单身，只是机缘没有到。工作中，我们都有坚定的信念，只要去努力，就一定能做到。为什么恰恰在感情上，却无计可施？任何一种状态，只要持续着且没有被摆脱，这种状态必然有吸引我们的地方。

温柔不是问题，男人味也不是问题。问题是，我们是否真的想找到，还是只是幻想我想要。

想起了那个古老的故事。在洪水暴发后，某人虔诚地说，上帝会来救他。船来了，他拒绝上船并且说上帝会来救自己。飞机又来了，他拒绝登梯并说上帝会来救他。结果他真的去见了上帝，并且责怪上帝为何不救他。上帝只是轻言轻语："我救了，只是你不要。"

那个理想的伴侣，上帝一直都有给。只是，我们不要，始终期望以另外一种形式出现，以一种庄严的、浪漫的、神圣的或其他的方式出现，呈现在我们面前，并且说：他（她）就是你要找的人。

可惜上帝没有这么做。

上帝只是把他（她）放在不起眼的拐角处，而你却不曾认真看他（她）一眼。只是仰头大叫：我的他（她），在哪里？然后继续低头流连于单身聚会之间。

有的人说，是因为自信或自卑，或其他某某原因。我不相信。如果真的想获得，大千世界，总能获得。感情和工作一样，有天定的成分，但更多的是人定。

除非你像坐在河边的路人一样，对着河岸说：啊，亲爱的彼岸，亲爱的彼岸你过来吧，我想领略你的风光。对他来说，坐在这儿不动的好处要大于走到对岸去看风光。

那么对于你呢？是什么吸引了你，让你宁愿在这儿坐着，也不愿意走过去看风景？

人生和城市，都这么好笑。一面要，一面又不要。当我开始去品味城市的时候，我还是会恐慌，却不知道这种恐慌是什么，更不知道该如何讲。

单身
的七个原因
————

　　冬天追赶着秋天的脚步，慢慢向你走来。有时候你会觉得，风有些瑟瑟，当你回到家的时候，依然没有人煮好了饭等着你，依然要拿出冰冷的钥匙自己插进锁眼，依然要打开那苍白的白炽灯，然后看着房间里空荡荡的，和心里一样空。

　　你说，这种日子你过了很久了，不知道是习惯了还是麻木了。你说，你也不喜欢单身，渴望能遇到另一半，渴望不再一个人将夜点燃，渴望有人能代替新买的棉衣来温暖你。可是你依然单着。

　　你还是会一个人去参加各种活动，然后很多人向你投来羡慕的眼光，询问你为什么单身，琢磨着给你介绍个对象，欢笑，散场，醉意蒙眬，然后你又一个人在城市的霓虹灯里回家。你只是对着那些人笑笑，却在回家的路上，偷偷抹掉嘴角的泪，你的这些痛，谁又能明白？

你知道自己的条件并不差，你知道要随便找一个很容易，你知道你很需要有一个人可以在身边嘘寒问暖，你知道还是有人喜欢你。你很想知道自己为什么会这样，你找了很多理由，但你自己都不相信。你只是知道，不是喜欢就可以。

有些单身，是自己的选择。

有人说，单身，通常只有两个原因：喜欢一个人和喜欢一个人。其实在我看来不过只有一个：自己的选择。

生活在这个城市，只有你自己才知道自己痛的滋味，这些痛与现在有关，与未来有关，更与过去有关。有时候，走在某个商店的门口，蓦然就想起一些故事。有时候，走在马路上看着人来人往，突然会想起曾经一起有过的梦想。有时候，一个人静静地忧伤着忧伤着，就想起曾经多么单纯和快乐。那些风花雪月的年纪，有了些单纯的美好，那些美好，却只属于那个年纪，无法再被复制，更无法跨越。很想再有一些新的故事，可每当尝试新故事的时候，总是发现，有些故事真的没法再来。诗人喜欢说，曾经沧海难为水。在这个城市，总是有那么些人、那么些事让你想起过往种种。以为放下了，却总在某个下雨的日子又深深地想起。这些痛、这些失落，只与自己有关。一万次告诉自己过去了就过去了，一万零一次又明白，真的过不去。痛了就是痛了，有了就是有了。单身到现在，与别人的喜欢无关。其中滋味，自己品尝。我想，这可能就是你依然单身的原因之一吧。

相信爱情，可以为之奋不顾身，可以无所畏惧，可以什么都不考虑，也只属于曾经那个年代吧？如今的你，渐渐变得现实，知道什么是重要的，什么是虚无的，知道自己要的是什么。其实不是自己挑剔，只是想找个适合的。有时候你很清楚自己要的是什么，所以你一直在寻找这样一个人的出现，他（她）不仅要有光鲜的外表，还要有丰富的内涵。不仅要在条件上满足你的标准，更要在性格上满足你的标准。你一直都知道自己苛刻，但是却不愿意放低标准。你说，都等了这么多年了，如果可以随便找一个，何必等到现在呢？你的理性强大到会一直说话，所以朋友们会说你就是太知道自己要什么了才一直单身。如果上帝会说话，他一定想说一句话：你知道得太多了。符合条件的人迟迟不出现，大概是你依然单身的原因之二吧。

可是有时候，你又偏偏并不知道自己要什么，你只知道自己不要的是什么。尝试着去遇到一个人的时候，总会发现他有些不适合你的地方，再次遇到一个人的时候，总是能发现不般配的地方。有时候因为是凤凰男，背后没有力量支撑；有时候是因为他性格过于忸怩你不喜欢；有时候是因为他过于轻浮你难以接受。总之，你总能找到不合适的地方，继而停止了前进的脚步。你也曾感慨，其实你要的并不多，要求也不高，只是希望能遇到一个正常点的人。可为什么偏偏遇到的这些人，总是会让你泪奔不已。你说，结婚是一辈子的事情，恋爱就是为了结婚。谈对象是件不能凑合的事情，因为是一辈子的幸福。你选择了宁缺毋滥，无论有多少人在喜欢着你，你只等待合适的那一个。虽然合适是什么，你自己也不知道。你用了一个很好的词汇让我来明白——投缘。投缘就是看着对眼，是件只能意会不能言传的东西，所以说不明白，但是遇到投缘的人你就能感觉到。而我能说明白的却是，其实追求完美也许是你依然单身的原因之三吧。

于是，你总能找到理由来安慰自己的单身。你说，习惯了。和一群朋友一起，吃吃喝喝，好不快活，为什么急着找个人来束缚自己，有朋友不是就够了吗？其实，只要在安静下来的时候，你又发现，有些感觉，真的是朋友无法替代的。当你开始隐约地感觉自己已经过了青春的年纪，陆陆续续参加着朋友的婚礼，终于你也决定去好好谈一次恋爱，去好好爱一次。你无数次准备好，无数次产生这种冲动，然后又躺在床上等这种冲动过去，最后什么都没有做。再问你为什么依然单身的时候，你只淡淡说了一个词——习惯。习惯，是个很好的掩饰，可以很好地给自己一个交代，可以很好地逃避。其实你自己也不知道为什么这样，只是待久了而已，单着单着就习惯了。人总是很奇怪，在一个状态里待久了，就不愿意再改变。有时候是懒得改变，更多时候则是害怕改变。难以想象身边有另一个人指手画脚，不知道身边再带着一个人会怎样，不知道吵来吵去要怎么去应对。另外一种生活太未知，不想去想太多。因为害怕改变，所以只将这种摆脱单身的想法停留在冲动里；因为害怕改变，所以流连于各种相亲活动，之后依然自己生活。你说的习惯，其实只是熟悉了一种生活模式，害怕改变。这是不是你依然单身的原因之四呢？

害怕，有时候不仅仅是害怕另外一种生活。在你的世界里，或许还有一些担忧。万一被甩了怎么办？万一不成怎么办？这些感情不白白浪费了吗？怕一段感情会不靠谱，怕一段感情尽是伤害，怕的东西有很多。如果不能确定一个人会一直爱你，不能确定最后会在一起，那么你宁愿不开始。你总是告诉自己，在确定他是真爱后才可以去付出，在确定他会不离不弃后才可以去付出。可是，偏偏在他付出的时候又等不到你的回馈，在他执着的时候看不到你一点欣慰，在他失落的时候又始终没有你的安慰。你一言不发，你默默地观看，而他，却从希望到绝望，经历了很复杂的心理过程，最后选择了放弃，放弃的时候都没有勇气问一句你到底会不会爱上他。然后你终于验证了自己，他始终会离开，幸亏没有开始，不然又尽是伤害。你再一次证明了感情是件很不稳定的东西，所以你毅然选择继续单身，毅然选择了观望。即使就这么老去，你也告诉自己，只有自己才是安全的。可是你有没有想过，是什么让你如此不安，是什么让你放弃了对爱情的信仰。要等到确定真的安全后才敢开始，或许是你单身的原因之五吧。

或许在你身上，还有一些事情一直不愿意去面对。譬如说，害怕选择。选择了一个人，就要放弃一片森林。从你的生活习惯里就可以看到很多例子：选择了一件衣服的时候总是怀念另外一件没有买的；常常站在一个岔口，不知道该踏上哪条路；常常在面临回家的两条路上不知道该走哪一条。你最喜欢说的话就是假如人生没有选择该有多好。选择就意味着失去，对于失去，你最不擅长。你不敢去选择恋爱，你怕那些玩得那么好的异性朋友突然就消失了，你怕对你好的那些人会因为你恋爱了而不理你，你怕选择了万一是错的怎么办，你怕从此就只能依赖这个人，陷入无边的黑暗。你怕失去现在活泼的朋友圈，有很多人关心你，有很多人陪你玩，你不能想象生命中只剩下一个人。当难以选择，你就宁愿不选择，将剩下都交给缘分和时间，交给上帝来选择。不敢选择，会是你依然单身的原因之六吗？

或许你还没有准备好。总觉得时间还早，总觉得还没有过够单身的日子，总觉得爱情这个事情可以过段时间再说。你说谈恋爱太麻烦，要照顾到这要照顾到那。你说你不喜欢恋爱的感觉，过节要送花，吃饭要照顾到他（她）的口味。总之，你罗列了很多，却始终没有说，你还没有想好要走入关系，因为那对你来说，要开始承担很多责任，要为彼此负责。你只拿叔本华的话告诉自己，婚姻让人丧失了一半的权利，增加了一倍的责任。逃避责任，不知道是不是你单身的第七个原因？

　　有时候，你自己知道，没有这么多理由，单着就是单着，没有假设，没有为什么。有时候你会觉得自己值得拥有一段好关系，有时候你会觉得自己不值得拥有一段好关系，更多的时候则对关系失去了感慨，只是当细雨飘下，看着伞下一对恋人走过时，自己默默穿过马路。

　　为什么还单身，或许你自己也不知道。

不是所有的关怀都叫爱

对于什么是爱，我们最能想到的和常常做的就是努力对一个人好。我们所谓的爱一个人，就是倾己所有去对他好，甚至愿意付出自己的生命，把对方视为自己的生命。我们通常认为关心和关怀就是一种爱。然而这种爱并不是所有时候都被珍惜，甚至有的时候都不被接受。所以，才有了这个千百年来无数人在爱恨情仇里纠结了无数次的话题：我对你这么好，你为什么都不懂得珍惜？

这种爱包括无微不至的关怀与问候，时时刻刻的陪伴与提醒，省吃俭用而给予的无尽财富，不让其受一点委屈、经常性地表达爱之语等。这种爱被放大到了极致，爱的结果却是不尽如人意。

一个妈妈会在秋天刚刚开始来临的时候，就展开了秋裤大战，想尽包括"断网、炖肉、逼婚"等招数让子女穿上秋裤，招招毙命。

会为了满足子女的胃口而挖空心思做他想吃的各种菜，会为了知道他喜欢什么而费尽心思，会知道之后一直做直到他吃到吐。各种关心，生怕自己没有照顾好孩子。我见过一个妈妈曾经为了照顾孩子，自己的工作跟着孩子考学的城市走。也见过一个妈妈每天陪孩子写作业到很晚，她陪伴的方式就是孩子不睡她也不睡。孩子说妈妈不用陪先去睡，可是她就是要在一边看着才心安。可想而知，这个孩子在做作业的时候，会有怎样的压力感而无法安心做作业。

一个爱人也是如此，会在感情与婚姻里鞠躬尽瘁，会为了讨好对方百般周折，会含在嘴里怕化了，捧在手里怕掉了。也有的人每天都会关心对方睡得如何，吃得如何，身体如何，方方面面无比细致。我还见过一些人，更多的是男人，他们会觉得：你要什么我都给你，宝马车给了你，给你买想要的任何东西，为什么你还不满足？女人也会如此：我什么都给了你，为何你不珍惜？

当我们听说别人的这些举动的时候，或许我们能意识到这种爱是不健康的。但是发生在自己身上的时候，似乎又总难以跳出自己的视角去观察这份爱是否伤害了人。

这种关怀强迫，俨然已经流行并发展到了一种病态，甚至有了专业的词汇叫"Co-dependency"，即"关怀强迫症"。特指依赖别人对自己的依赖，喜欢关怀别人，不去关心别人自己就难受。

强迫关怀是病态的，并且是自恋的。例如食物是好东西，但是你硬要一个吃饱的人吃食物，这就是一种伤害。对于一个只是干渴的人硬要给他食物，这也是一种伤害。强迫关怀症患者最喜欢把自己认为是好的和对的东西强行施予对方，不顾及他人的需求程度和需求内容。在他们的世界里有这样滑稽的信念：我认为是好的，你也必须认为是好的；我认为所有人都需要，所以你也会需要。他们会把自己的观点先自我泛化到全世界都是这样的，让自己站到道德和理论的制高点，找到归属感，然后再通过认为他们也需要，完成把这种全世界通用的标准再加给所爱的人。这是人类最初的自恋行为，遵循"我怎样，世界就怎样，他人就怎样"的逻辑。

显然，对他人的关怀如果离开了尊重和理解，关怀就会沦为自私。没人喜欢被强加。我们每个人生来不同，都会有自己不同的经验和处于不同时期而产生的不同的需求。当一个人被强迫关怀的时候，就会出现两种动作来实现自我保护：反抗或者是顺从。

对于反抗很显而易见，这种强迫关怀是过度满足，对于过度我们就会本能反抗。更重要的是，它剥夺了人对于基本存在的自由。我们每个人都需要基本的心理空间来独处，再亲密的人也需要有一点自己的时间和空间来感受自己的存在。并且，当一个人被关怀的时候，他接收到的不仅是关怀，更是期待。关怀者会对被关怀者产生更加优秀、过得更好之类的期待。因此，他感受到的是双重压力：剥夺存在自由和强加的期待。例如被妈妈陪作业的孩子，当一双眼睛在旁边的时候就会感觉到不自由，当偷懒或做不好、做不快的时候也会对妈妈产生内疚，怕辜负了她的期待。恋人也是这样，当"吃了没""吃得好不好"的关心被重复的时候，被关怀者就会不想接受，觉得失去自由，窒息般地心烦，同时拒绝的时候又会产生心理压力，怕伤害到对方一片好意。所以，这时候他就会想反抗，当反抗的力量大于内疚的时候，就会选择逃离或抛弃。这时候被关怀者的反抗只是一种达到阈限值后的自我保护。当反抗的力量不足以应对内疚的时候，就会转而折磨自己。

后者就会沦为顺从。毕竟我们不能长时间地忍受自己通过内疚来折磨自己，这样对自己伤害更大。为了应对这个内疚，被关怀者就会淡化自己的真正需要，甚至发展出自己的这部分需要，退化自己的某部分能力，来适应关怀者给出的强迫关怀。如果不能拿掉这个强迫，那他宁愿牺牲自我照顾能力和自我检查需求的主见，这样就可以避免内心冲突，还可以维系和关怀者的关系，从而完成另外一种自我保护。

这像极了一个流行笑话：我今天做了回老奶奶，帮助了八个雷锋。到底是谁的需要呢？

关怀者有一种强烈的需要：我一定给出关怀，并且要求对方接受。这就是关怀者的需求，他们需要给出关怀让自己心安。进一步说，他们需要通过给出关怀证明自己是有价值的，是被需要的。因此他们有一个很深的需要，需要对方来满足"被需要"的需要。

这个逻辑如此之绕，以至于意识常常懒得去绕出来，但是潜意识里很清楚。于是，被关怀者就在这种糖衣炮弹的威胁中选择了抵抗或者妥协，来应对关怀者的需要。

关怀者如果不能实现关怀，就会陷入焦虑中。他们会觉得自己不被认可或者毫无价值，他们会不断地检查自己是不是错了或者是不是做得不够好，或者进入另外一个极端：指责对方为什么不珍惜，为什么不知好歹。为什么对他那么好还要无尽地伤害自己。或者怨天怨地，泛化到这个世界上所有的异性都是不好的，老天爷对自己一点都不好，云云。而焦虑和惶恐，正是自己的需要无法得到满足或评估知道无法得到满足后所有的心理表现。

一切以"关怀"为目的的关怀，都不是真正的关怀。正如当你为了帮助别人而帮助别人的时候，都不是真正的帮助，那都是自己的需要。真正的帮助和关怀都有两个共同的特点：知道别人需求的内容和程度，并在他人舒适的程度上给予；我愿意给出，但不强求对方接受。

因此在给之前，有一样东西就显得格外重要：理解他人。

千百年来，人们都无数次为这个问题而挣扎，理解看起来那么容易，做起来难度却超出我们想象。因为理解他人就意味着要打破自己的自恋：我不是世界的中心，我没有掌握绝对的真理，他人跟我不一样。

这无疑是很难让人接受的。这意味着要放弃自己坚守几十年的观点：并不是所有食物都是好的，甚至并不是所有人都觉得食物很重要，并不是所有的时候给别人很多钱花就是爱，甚至并不是所有人都觉得钱很重要。除此之外，对于爱的对方来说，有着比这些现实需求更深层次的东西：情感需求。

情感需求如此扑朔迷离，让人难以把握。其难度远远超出身体陪伴、物质付出、生活关怀等现实层次的关怀。

情感需求包含了对方所需要的温暖、赞美、认可、鼓励、心灵陪伴、归属、安全感、理解、连接、自由、价值等，而每个人的每种需求、程度和形式都不一样，因此你需要懂得他的一些心理需求，才能真正去实现关怀。那才是爱。

都说理解女人是一本读不完的书，因为对于多数女人来说，情感需求远远大于现实需求。即使那些天天嚷嚷着只需要土豪和钱的女人也不例外，她们只是不再相信有人能满足她们的情感需求转而从物质需求上满足对于情感的需求，比如安全感。人们或许在某些时候非常需要现实需求，但是这种需求一旦被满足后，分分钟就会上升到情感需求。因此，你可以暂时满足他的现实需要，却不能把这种现实需要视为唯一的永恒的需要。

因此真正的关怀，首先要打破两个执着：1. 打破自以为是的对方需要，哪怕你认为这是全世界的人都会需要的。2. 放弃对对方需要的现实关怀多于情感关怀的需求的执着。

简单说就是：走出自己，才能懂得他人；懂得他人，才能真正关怀。

盲目地关怀，只是满足自己的需要，那是关怀强迫症，并不是爱。**真正的爱的结果是连接，绝不是远离。**

洗碗背后的亲密关系

　　谁做饭，谁洗碗。一句话道尽了多少家庭的辛酸。无尽的家务，洗衣做饭，收拾房间。家务怎么做，谁来做，怎么分配，这些曾经都是家庭主妇的工作内容，在新时代已悄然变迁，使得无数婚姻中的人们尤其是女性痛苦不堪。当然，我相信很多女人会遇到居家好男人，做饭洗碗，买菜挑选，样样在行且对妻子疼爱有加。她们无疑是幸福的。可是依然有很多婚后的女人，在默默承担着太多。

　　我听到了太多类似的故事在发生着：她承担了家里所有的家务，他不闻不问。她做饭，然后一起吃饭，吃完她要他去洗碗，他不去，脏了的盘子堆了太久，最终还是她去洗。她让他去洗衣服，他不去，脏衣服堆了很久，最终还是她去洗。然后她就带着太多的委屈：婚姻是两个人的事情，家务应该两个人分担，凭什么要让自己一个人全做，而他就懒惰到不做一点？然后她指责或者压抑。她越发催促、指责，他越是不想理、不想干，甚至会不耐烦地骂人。她委屈压抑，默默承担着，他反而觉得理所当然。似乎无论她怎么做，使劲了全部力气，都没有办法让他去把碗放到洗碗盘里，更没有办法让他把脏衣服丢进洗衣机里。最后，她痛苦地抱怨，甚至，结束了这段劳累的关系。

这不是一个人的故事，因为我已经无数次听到类似的事情。我理解她们的委屈，也替她们骂这些懒惰的老公。同时，我也会告诉她们，要么你去改变他，要么改变自己。如果你不能改变他，就改变自己，然后让他改变。对伴侣有期待是没有任何问题的，问题是你怎样处理这些期待。是强求对方去做，还是用合理的方式实现期待。在这些故事里，她们扮演了受害者的角色，同时我也相信，任何受害的故事都不是单方面造成的，任何一方的改变都会造成系统的改变。

当我告诉她们的时候，她们会有些不理解。因为她们的观点很明显：他太懒，什么都不干，全让我干，凭什么呀？

当我试着告诉她们为什么的时候，也就开始了好奇这个过程。我理解她们的委屈，也理解他们的懒惰不干。或许我能理解，是因为我也比较懒，什么都不想做。可是，没有人天生喜欢做家务，都喜欢自己什么都不干，然后有人全部都做完，这方面大家都一样。可是结果，为什么受伤的往往是女人？她们是付出最多的人。

有人说，爱情需要落地。落地后的爱情，就是柴米油盐，就是细细数钱，就是谁做饭，谁洗碗。也只有爱情在落地的时候，亲密关系的互动模式才开始呈现。

萨提亚说，问题不是问题，如何应对问题才是问题。

不洗碗不是问题，只是亲密关系里互动模式的一个表现形式。大抵每次在关系里发生争执，都是因为类似的问题。我不关注他洗不洗碗，我只想知道，你做了什么可以让他不洗碗，他为什么不洗碗？

他有他的原因，被指责也是应该的。娇生惯养，男权主义，懒散邋遢，不知道心疼女人，不知道如何居家生活。如果要改变，当然他能先改变最好。

可是他不愿意改变，那就只能你去改变了。这个改变，不是要你去接纳这个事实继续忍受，然后承担起所有的家务继续委屈。我相信公平，你可以换种方式要到你想要的东西，而不再是通过委屈、压抑或者指责、催促。

在亲密关系开始的时候，两个人是相爱的、一致的。她爱他，所以她愿意为了他去做，看他吃着自己做的饭，就感觉到很幸福。他也爱她，偶尔会帮忙洗洗碗，会送些小礼物，会称赞她的手艺，会表达他的爱。可是后来，她做着做着开始委屈了，为什么她这么累的时候他都不替她做些，再后来就是为什么一直都是她在做。后来，他也习惯了有人做好饭就吃，有人洗好衣服就穿，觉得理所当然。其实她是想说："为什么我做这么多，你看不到？"

生活还在继续，可是爱，哪儿去了？他知道他还爱，只是不愿做家务。她知道她还爱，只是觉得委屈。

在关系里，每个人都有自己想要的东西。她为什么坚持要他去洗碗，她想要什么？仅仅是可以轻松点吗？可没这么简单。当他不再表达爱的时候，她希望被证明他还是爱的，怎么证明，洗碗去吧。

他为什么坚持不洗碗？她抱怨、指责，天天婆婆妈妈、磨磨叽叽，除了指责不洗碗就是指责不洗碗，光听着就够烦，怎么能随便如她愿？

于是，争执一直在继续、升级、恶化。当初的爱已经淡去，只剩下柴米油盐里的争吵。怎么办？

除非有一个人愿意改变，不然还会继续升级、断裂。同时，我们能改变的，只有自己，我们可以期待对方为自己改变，但是万万强求不得。那么这个问题，怎样做会有另外一个结果呢？

我在萨提亚里见过太多的夫妻关系个案，我们来类比一下其中的不同。

对于他。不喜欢洗碗是没有问题的，当她在厨房翻滚锅盆，被油烟呛得咳嗽时，如果你在这时候从后面抱住她，看她做饭的样子，在吃饭的时候说一句"辛苦了"，那么很可能饭后她不会再嘀咕你去洗碗，而是自己洗了。但是如果她在做饭的时候你在看足球，吃饭的时候你在看足球，她在洗碗的时候你在看足球。那么，被骂着洗碗去吧。

对于她。想让他洗碗是没有问题的。当他在看足球的时候给他捶捶背，说声"累了一天，辛苦了吧"，在他吃饭的时候多夹几块肉，说声"多吃点"，用你的方式告诉他你的温柔和爱，那么很可能，没吃完他就开始去洗碗了。但是如果你在他看足球的时候说酱油没了，催促他去买，在他吃饭的时候说他都不怎么做家务，在自己吃完后打开电视，让他去洗碗。那么，他可能会无动于衷。

我们采用不同的方式去应对事件，就会有不同的结果。在关系里，对方只是我们态度的一个风向标，我们怎么反应，他就怎么做。关键是你想要什么，你的目的是什么？是只为了让他洗碗，还是就为了证明自己能使唤动他，好证明爱？如果是前者，很简单，换个彼此能接受的方式。如果是后者，就比较难，我们是不是非要用这种方式来证明爱？

还是萨提亚的话，问题本身不是问题，如何应对问题才是问题。洗碗不洗碗本身不是问题，如何证明被爱才是真正的问题。

我们都喜欢对方为自己改变，然后自己就享受被爱的过程。然后我们就去要，常常又不得，然后就感到挫败或者去指责。其实我们可以换种方式去要爱，那就是先把自己的爱给出去，然后再接受。我们可以保留我们的期待，只是换一种方式去完成，以他愿意的方式。

并不是所有男人都不洗碗，如果有一个可以去洗碗的理由，他们都会去做。这个理由不是我们要求的公平：你应该去洗碗。而是我很爱你，我给了你我的爱，如果你接收到了我的爱，而且也爱我，就为我去洗个碗表达一下你的爱吧。他可能会做，也可能不会做，但起码会比你指责他结果好得多。

就这么简单。亲密关系无非是一个爱的问题，无论怎么延伸，谁管家，谁持家，谁吵架，谁让步，我们可以制定无数的规则来约束对方怎么做，然后对方不履行又受伤。其实我们有更好的办法可以做到，那就是爱。

当然，爱的表达和被接收到那是另外一个话题。我只想说，没有被收到的爱，是无效的。用强制的方式去索要到的爱，也是无效的。

先爱伴侣，后爱孩子

　　很多家庭在发展过程中，夫妻生活的重心会渐渐转移到孩子身上，夫妻之间也会渐渐忽略对伴侣的关注而把爱全部给了孩子，有些甚至还会对伴侣产生种种不满而将希望寄托于孩子身上。当然，孩子在享受过分关注和爱的同时，也不可避免承担了诸多来自父母强行赋予的期望、责任和压力。

　　家庭是一个系统、一个整体。家庭系统中的每个成员都是元素之一，这些元素用他们固有的方式在属于他们的位置上互动交流着。如果有人不清楚自己的位置，不按照一定的法则运行系统，系统就会出问题，家庭成员就会受到影响。

　　家庭作为自然现象存在，像人有生老病死一样，有着自己的运行法则。如果想人为干涉这些法则的运行，就会让系统紊乱。德国心理学家海灵格通过几十年的研究发现了家庭的运行法则，并且发现很多孩子在成长过程中出现的问题，都与父母没有遵循好家庭运行法则有直接关系。例如，当夫妻关系失衡或者模糊的时候，孩子潜意识里想要用自己的力量去拯救弱势的一方而没有心思做自己应该做的事情；当父母对孩子的要求具有双重标准的时候，孩子潜意识里就很难遵循一个固定的标准，他会表现得注意力无法集中；当父母在各自权威角色上缺席的时候，孩子的内心深处就会失去权威，需要再找一个可以依赖的权威替代，网瘾等瘾症就是这样一种替代品。

当孩子出现行为问题的时候，家长不能单纯责怪孩子，而是要检视自己的教育方法和夫妻关系。孩子的行为像镜子一样反映了家庭系统运行的情况。父母对于孩子健康的爱，应该遵循家庭系统运行的法则。例如"父母付出，孩子接受""当孩子是孩子，父母是父母时，爱最完美"（很多父母要求孩子听话等时，其实是在要求孩子照顾到自己的情绪，成为了自己心理意义上的父母），"当家庭中一个序位低的人把自己放在高的位置，会无意识地失败，不快乐"等。孩子表现出来的问题，要回归到家长身上。我们可以通过与亲子关系有关的两个家庭运行法则，来窥探一下家庭的秘密。

序位法则：家庭中先出现的关系，要优于后出现的关系。

在一个家庭中，是先有了夫妻关系，然后才有了亲子关系，因此夫妻关系要优于亲子关系。当夫妻关系没有得到尊重的时候，亲子关系也不能良好发展。很多人在有了孩子后，就忽略掉了伴侣，把所有的爱都投注到孩子身上，这无疑是危险的，对伴侣、孩子、夫妻关系这三者伤害都很大。

对伴侣的伤害。家庭中夫妻双方一方过于关注孩子的时候，就会冷落了另一方，被冷落的一方便会感到失去了意义和地位。人的潜意识里都是需要被关注和爱的，当得不到的时候就会感受到挫伤和失落，尤其是在为家做出很多努力后，更希望得到关注、支持和爱。

这时候，一个家庭最容易出现的危机就是婚外情的发生。当家庭中一个伴侣在对方那里得不到关爱的时候，就难以抵制来自外界的关爱，甚至还会主动去寻找。即使是道德约束也难以遏制潜意识里对于关爱需求的累积和爆发。因此一旦出现这种情况，请不要单纯责斥伴侣，而是要尽快把对孩子的关注力重新转移到伴侣身上来，恢复爱的序位，挽救家庭。

对孩子的伤害。当孩子成为其中一方家长过度关注的重心，那么，这方家长就会无形中把对伴侣的期待也强加给孩子。比如，一位妈妈过度关注儿子，无形中便把儿子当成了丈夫，希望儿子承担起丈夫的角色："孩子要理解我，听我的话，赞同我的意见""要感激我的付出""当我与配偶发生冲突时，孩子要站在我这边"等等。

而取代另一方家长的位置会使孩子的良知感到愧疚，这种压力感迫使他更加渴望自由，渴望逃离。甚至离家出走。心理学分析，孩子的愧疚感有时候会以生病的方式来告诉家长：我想把位置还给那一方家长，我不想取代他。在意象中，生病就是死亡的意象。因为生病在心理意义上就意味着我将要走向死亡。在孩子的潜意识里，他以为自己消失后，就可以把这个位置还给一方，从而拯救爸爸妈妈的和谐关系，拯救家庭。

对关系的伤害。当一方长期关注孩子而忽视另一方的时候，夫妻关系间的爱就会空缺，连接也会减少，夫妻关系会依赖于孩子的存在而存在，孩子就成为夫妻关系的唯一纽带。当孩子逐渐长大，求学或结婚离家后，这个纽带元素突然离开，会使夫妻关系陷入无所适从的状态。而连接的长期空缺，使得再次建立会十分困难。

对于孩子来说，父母关系的和谐是健康成长过程中最坚实的基础。如果一个家庭疏忽了夫妻关系的建设，把做好爸爸或者好妈妈优先于做好夫妻来考虑，其结果是孩子得到一份不完整的爱，他会终其一生地尝试整合它们。

因而，健康的爱的序位，必然是这样的：爱自己100分，爱伴侣90分，爱孩子80分。因为在系统中，是先有了自己，然后有伴侣，最后才有孩子。

事实法则：不要否定伴侣作为孩子父母的身份。

孩子的一半来自父亲，一半来自母亲，这是事实。否认孩子父母中的任何一方，都等于无意识地否定了孩子的一半。其次，孩子的潜意识里都希望父母是结合体，家庭关系和谐幸福。孩子最大的渴望，就是能与父母都产生连接与归属，依偎在他们的怀抱里。

父母作为夫妻双方，不和谐的现象难免发生。当夫妻吵架的时候，如果一方总是对着孩子说另一方的不好，孩子就会心生反感和抵触，替另一方感到不平，因为另一方也是孩子的一半。他或许会认同一方的观点，譬如说如果母亲总是说父亲的不是，告诉孩子"你爸爸是个懒惰、不负责任、喜欢赌博"的人，孩子会同情妈妈而生爸爸的气，但是潜意识里却想保护爸爸，想和爸爸有更深的连接。在他长大后，很有可能会成为一个"懒惰、不负责任、喜欢赌博"的人，或者会和有着和爸爸同样缺点的人结婚，用这样的方式来完成和爸爸的连接。

因此，夫妻在吵架或准备离婚的时候，只针对他（她）作为你的伴侣让你失望，但是不要完全否定他（她）这个人，因为他（她）

还是你孩子的另一半生命。你依然要维护他在孩子眼中的形象。在对待伴侣时，即使无法原谅对方，也要在心里认清和接纳这个事实：我对你做的事很失望、很生气，甚至无法原谅，可是我仍然同意你是我们孩子的爸爸（妈妈）。

所以如果希望好好爱孩子，那么首先要好好爱你的伴侣。如果已不能爱伴侣，也要爱对方作为孩子父母一方的角色，支持他（她）与孩子之间的良好关系。

万事万物的运行，都有自己的法则。如果不遵循这个法则，系统就会失衡，就会出问题。家庭也是如此。一个健康的家庭，必然是先爱伴侣，后爱孩子的。夫妻要先成为好夫妻，之后他们才能成为好父母，那么孩子也才能是真正幸福的孩子。夫妻双方也只有相互尊重和彼此相爱，才能让彼此感觉到自己是被爱的，是充满爱的，从而才能爱好孩子，才能给孩子健康的爱。

所有的安全，
都来自于爱——

人有两类基本情感，爱与恐惧。

爱会让我们想靠近，有足够的安全感，带着健全的人格去应对世界。而恐惧则让我们想逃离，只想保护自己，带着扭曲的人格去看待世界。

小孩子对于这种情感的体验和敏感要远超出我们的想象。所以对于小孩子安全感的培养，是一件需要很小心的事情。天下没有不爱孩子的父母，没有不想给孩子安全感的父母，但是偏偏却有那么多小孩子体验到恐惧，害怕甚至恨父母。所以并不是你认为你爱，他接收到的就是爱。小孩子有没有接收到爱，决定着他有没有安全感。经常体验到爱的小孩子和经常体验到恐惧的小孩子不一样，而且显而易见。

所谓分离焦虑，就是当妈妈不在身边，孩子是否体验到恐惧和焦虑而找妈妈。有的小孩子只有妈妈在身边的时候，才能玩得开心，如果妈妈不在身边就会以号啕大哭来解除恐惧并索取妈妈的爱，像有时候妈妈需要外出做事情而小孩子却不能够安静地待在家里和别人玩，这是矛盾性依恋。有的小孩子即使妈妈在身边也不能开心地放开玩，也会带着害怕和忧郁的眼神。有的小孩子则是妈妈不在身边和在身边一样，妈妈可以放心地去做任何事情。孩子对妈妈的依恋程度，就是妈妈给孩子的爱的程度，让他感觉到的安全的程度。

在孩子开始真正接触外面的世界以前，家长的行为对孩子人格的塑造有巨大影响。家庭治疗大师萨提亚曾经说过，人都是家庭里塑造出来的。各个心理学家及流派都不会否认这样一个事实：人在童年时候受到的父母影响，其影响是伴随一生的。因为在孩子的眼里，父母就是天，就是整个世界。如何从他们身上获得爱来保护自己，是他们最大的课题。

尤其是 3 岁以前的孩子，与这个世界没有任何关系，他所有的生活，都是父母。他所有的安全，也都来自父母。他能依赖的，只有父母。安全感的建立，在 3 岁以前，是非常重要的。

那么家长如何给孩子有效的安全感，是个重要的问题。这个安全感的来源，就是爱。**爱不是我们以为的爱，而是孩子能体验到的爱。**

有时候我们以为爱孩子，于是责怪他，希望他好。有时候我们因为工作忙或其他原因把孩子暂时寄托在父母家，我们以很多的方式在爱着孩子。可是在一个刚会说话甚至不会说话的孩子的世界里，这个父母很奇怪，为什么我不乖的时候他们要凶我，看起来这么可怕？是不是只有我乖的时候他们才爱我，只有我不哭的时候他们才爱我？当孩子不理解的时候，就开始将父母的形象分割，好妈妈和坏妈妈的形象就出现了。爱与恐惧开始并存并博弈，牢固的安全感不再那么牢固，随时可能丧失。爱多于恐惧的时候，孩子会带着焦虑去索要爱。恐惧多于爱的时候，孩子就只想封闭保护自己。

我们无权去苛求一个孩子体谅大人的辛苦，理解大人的行为。我们能给予的，就是无论他表现怎么样，我们都是爱他的。即使他做得不好，也带着爱的耐心而不是训斥。更何况，一个 3 岁不到的孩子的世界里，哪有什么好与不好呢？

如果需要一个总结的话，我想就是，因为我们把他拉到了这个世界上来，所以我们要为他负责，用足够的爱去负责。

爱自己，才能真正爱孩子

每个妈妈都全身心地爱着自己的孩子，这点不容置疑。自有人类以来，在养育孩子上，女人就比男人投入了更多的时间、精力和情感，女人也发展出了更多适合这一需要的能力：更感性、更细腻、更愿意付出……现代社会，随着女人的社会责任和社会地位逐渐提高，女人在外面和男人一样辛苦工作，但回到家还要投入另一个战场：照顾家庭，照顾孩子。

都市的清晨，妈妈带着孩子急匆匆赶路的场景到处可见；黄昏，领着孩子，提着大包小包、水果蔬菜回家的妈妈们的身影也是一道随处可见的风景；周末，和孩子一起奔波于各种特长班、辅导班，鞍前马后服务的还是那些辛勤的妈妈们；很多妈妈给自己买的都是打折的衣服，给老公、孩子的装扮却是一直走在潮流的前面；饭桌上吃不了的饭菜从不舍得倒掉，全都收讲了自己的胃里……

妈妈们在一起的地方，听到最多的是这样的感叹：

结婚有了孩子后，我就没了自己的时间！

你看看，自从生了孩子以后，我工作也落后了，人也变老、变丑了！

我和同学、朋友都很长时间不联系了！

我很久都没去逛街了！

我整个人全变了，都不像我了！

如果，所有的付出能换回家庭的幸福也值了，可常常事与愿违，辛苦一场，孩子却并不领情，成绩不如意者十之八九，更糟糕的是亲子关系也不如预期，孩子有什么事情都不愿意和你说，你成了他最熟悉的陌生人。由于过度将精力放在孩子身上，你和伴侣的关系也发生了一些微妙的变化，似乎不如以前那么亲密了……

妈妈们开始迷惑了：这到底是怎么了？难道我那样爱他们，爱这个家，爱错了吗？

爱是什么？

爱是一种能力，一种情感；爱是"给予"，是自我付出，并不期待等值的交换。能去爱别人的人需要有强大的心理能量，就像太阳。而一个一直为别人付出、一直爱别人的人，同样也需要源源不断地获得爱。可是，**这些**爱从哪里来？妈妈们往往把希望寄托在自己的老公和孩子身上，看不到对自己将来更重要、更可靠的一个人，那就是自己。一个连自己都不能爱、不会爱的人，又怎能好好地爱别人？

你爱过自己吗？你细心地照顾过自己吗？你关注过你的喜怒哀乐吗？你的需要、你的渴望是什么？你想过要主动去满足自己的这些需要吗？

没有，你一直在付出，希望通过自己的付出来换回这一切。

人，有一个很奇怪的现象，当自身匮乏的时候，就特别希望从别人身上来要。比如，我们自身缺乏安全感的时候，总是期待有人能带给我们安全感；我们缺乏爱的时候，总是希望有人能爱我们；我们缺乏心理营养的时候，总是希望有人能照顾我们。而我们每个人又会通过自己的模式来满足这些需要，比如有的人比较厉害，他会去指责和抱怨；有的人比较善良，索取的方式就会比较隐性，通过"对你好"来达到"你对我好"的目的。

这样的爱都不是真正的爱，这样的爱是有条件的。所以，当你的付出无法换来你想得到的一切，你就会感到无奈、无助、伤心和失望，于是，很多妈妈会产生情绪问题，全职妈妈们更严重。如果这个妈妈不懂得处理自己的情绪，就会给家庭，特别是给孩子带来很多消极影响。**妈妈的情绪是否稳定，会影响孩子的安全感和价值感。**妈妈的训斥、指责，不分场合爱发火，甚至暴打孩子，把孩子当出气筒，会使孩子在承受身心打击的同时也学会用同样的方式处理自己的情绪。

一个不爱自己的人，内心就会匮乏爱，就会无法控制情绪。所以我们从根本上要管理的不是情绪，而是自爱。一个内心充满爱的人，必然会带着爱去理解和尊重别人，而不是情绪泛滥。

相反，内心匮乏爱的人，越要本能地更用力地去抓孩子和老公，抓的力量有多大，他们往外挣脱的力量就会有多大，也就是说，我们的"爱"已变成了控制。

心理学上把这种行为叫作"非爱行为"。就是以爱的名义对最亲近的人进行非爱性掠夺。这种行为往往发生在夫妻之间、恋人之间、母子之间、父女之间。它是以爱的名义所进行的一种强制性控制，让他人按照自己的意愿去做事。

这个世界上所有的爱都以聚合为最终目的，只有一种爱以分离为目的，那就是妈妈对孩子的爱。妈妈真正成功的爱，是让孩子尽早作为一个独立的个体从你的生命中分离出去。这种分离越早，你就越成功。从这个意义上来讲，与孩子保持适当的距离，保持自己和孩子的独立才是真爱，是一种对孩子人格的尊重。同样，夫妻之间也要保持适度的个人空间，那些对老公、孩子管得过多、过细的妈妈们要常常想一想：我做这些是人家需要的，还是我自己需要呢？

爱自己就要先满足自己内心对爱的需要，把自己照顾好，把自己内心的匮乏用自我接纳、自我关注喂得饱饱的。"杯满自溢"，当你的内心充满了爱，你就不会再去要求他人来补偿你，你才能放手，拥有轻松的关系。

爱自己，从做自己的好父母开始。

人们内心，都有一个"内在小孩"。内在小孩是脆弱的，他经常会感到无助，需要人来滋养和照顾，需要别人接纳他的无理取闹。小孩子有这种特权，他可以堂而皇之地索取妈妈的照顾，要求妈妈接受他的无理取闹，当妈妈接纳他的时候他能感觉到爱。

人长大了以后，是可以给自己的"内在小孩"做个好父母的。对自己温和而坚持，无条件地接纳认可自己，欣赏自己，包容自己的不完美，与自己的心灵连接沟通，同时照顾满足自己的需要，滋养自己。

学会表达自己，管理自己的情绪。

爱自己，就不能忽略自己的感受，多去正常表达自己的感受、想法和需要，而不是指责和抱怨。学习正确处理自己情绪的方法，尤其是面对孩子时，做个情绪乐观、稳定的妈妈。

学会放手。

对家庭事务、对老公和孩子适当地放手，一家人一起分担家务，每个人都管理好各自的事情，给自己减负，要留出时间来给自己，安排属于自己的活动，聚会、逛街、旅游，让自己的生活和内心更丰富。同时，你腾出了空间，丈夫和孩子才有空间来展示他们对家庭的作用和对家庭的责任。家就不再是你一个人的了。

除此之外，音乐、阅读、冥想、大自然，经常与乐观、积极的人在一起，这些都能帮助我们爱自己，带给我们正能量，产生和自己内在的连接。平时不管多忙，也要在心里留一片空间给自己，在那个属于自己的空间里，听听自己喜欢的音乐，读读自己喜欢的书，这样的事情能带来实实在在的美好感受，让自己的内心更有力量。

当我们能够做到自己爱自己的时候，真的会有奇迹发生。你会发现你做得少了，而老公和孩子却与你更亲近了，家庭更和睦了，生活也更美好了！

妈妈们，从这一刻起，经常问问自己的内心吧：最亲爱的我，你好吗？我该怎样去爱你呢？

因为，只有懂得了爱自己，才能真正爱我们的孩子。

家长，请直面你的期待

望子成龙、望女成凤是每个中国家长的心愿，这本无可厚非。可是有些家长，却将自己沉重的期望变成了孩子的包袱或者束缚，孩子从小到大一直生活在父母的期待里，不得解脱。希望自己的孩子能够出人头地常常被解释为是因为爱孩子，可这样爱着，总会无意间剥夺孩子的快乐和自主权。

小心，如果不能有效处理对孩子的期待，就会伤害到孩子。

作为家长，不能直面自己的期待，会给孩子带来哪些伤害呢？

孩子不能做自己，找不到存在感。孩子从小到大就学会了一样东西：听妈妈的话。做着父母认为正确的事和应该做的事，读什么书，培养什么兴趣，上哪个学校，学什么专业，结婚选什么样的对象，等等，命运都被父母决定和安排，对于什么才是自己适合、喜欢和想要的，却并不知道。我们在生活中常常见到这样的人：他有着令人羡慕的高薪工作，有着条件优秀的伴侣，但是他并不快乐，甚至会惆怅、迷茫，因为他实现了父母和社会的期待，却失去了自己最真实的热爱。

孩子内心充满恐惧感、强迫感，追求完美，缺乏安全感。有高期待的父母的爱在孩子看来，是有条件的爱，只有满足了父母的期待才能得到爱。很多家长会这样做，如果孩子考试考得好，就会得到奖励；考得不好，则会被否定甚至惩罚。可能在家长看来，他否定的只是孩子的成绩，可是他不明白这个成绩对孩子的意义，在孩子那里看来，他是整个人被否定掉了。他们会形成这样的观点：只有我优秀我才配得到爱，我不优秀的时候爸爸、妈妈就不爱我了。所以他们非常害怕自己不再优秀了，不是第一了，于是便强迫自己追求完美，内心的恐惧使他觉得在哪里都找不到安全感。

孩子挫败感强，自我价值感低。如果父母对孩子的期待过高，甚至是难以实现的，那么孩子就会逐渐产生挫败感，进而影响自信心的建立。例如，有的家长错失了清华，便将期待转移到孩子身上，希望孩子能完成他这一生没有完成的心愿，于是就希望孩子每次考试都能得到最高分。一旦得不到高分，面对家长的责备，孩子丝毫感觉不到对自己努力的肯定和鼓励，反而觉得自己很无能，天生就笨，从而渐渐失去信心和勇气。这样的孩子长大后，会形成否定自我的思维方式：我就是比别人差，我就是不行。

作为家长，心底的那份期待又是从哪里来的呢？

家长的期待，来自于他们的认识和经验。家长依据自己多年来所积累的人生经验形成了自己的价值判断，他们很容易认为这就是世界唯一的标准，他们希望孩子按他们的世界观来做事，少走弯路，成功的概率会更大。他们无法接受孩子自己尝试探索的行为，那些很有可能是失败或错误的后果，是家长无法承受的，更不愿意让孩子承受。

家长的期待，来自于自己未完成的情结。在人的一生成长过程中，总会留下太多遗憾，例如自己的梦想或者心愿由于种种原因没能实现。于是，这些遗憾就变成了家长的期待，有意无意地强加给孩子，希望孩子能替他们实现梦想，而忽略了孩子自身的需求和特点，忽略了孩子最适合的是什么，最想要的是什么。

家长的期待，来自于他们的原生家庭。很多家长都没有学习过怎么做家长，他们并不懂得如何健康地教育孩子。在他们的世界里，唯一的经验，就是他们的家长曾经怎么教育他们，告诉他们什么是好、什么是坏。他们只能把在原生家庭里学会的观点和带来的期待，再传给自己的孩子。

作为家长，该如何合理应对自己的期待呢？

首先要觉察到期待只属于自己。

我们的期待是我们每个人自己的，这个期待属于你，同时意味着你要为这个期待负责。作为家长，你希望孩子为你的期待负责，为你的期待努力，这是不公平的，孩子没有义务完成你的期待。可是孩子又天然本能地愿意去服从父母，他们也希望通过努力实现父母的期待，从父母那里得到他所需要的心理营养，得到父母的赞扬、肯定、认可、尊重、关注和爱。如果看到了这一点，作为父母，我们是不是应该感谢孩子为此而做的一切呢？

所以，当你对孩子有要求的时候，我们要觉察到，这仅仅是自己的一种期待，而不是爱孩子的一个条件。不是只有他做到你要求的标准你才会去爱他，而是无论孩子做成怎样，你对他都是爱的。

学习如何应对自己的期待。

在应对期待上，我们常常采用以下五种方式：

放下。如果拥有一个期待并不能给孩子带来快乐，可以尝试着将这个期待放下。没有任何一个期待是必须有的，期待只属于我们自己而无须强加给别人。放下这个期待就是很好的处理方式之一。例如，你期待孩子去报钢琴班，而他则喜欢玩泥巴。你可以放下这个报钢琴班的期待，尊重孩子的兴趣，发掘孩子玩泥巴给他带来的快乐和意义，有助于你自己放下期待。

降低期待。有的期待我们是无法做到放下的，这个时候就尝试看可不可以降低一下要求，比如，我要求孩子成绩优秀、身体健康、多才多艺，而现在我可以接受孩子只要成绩优秀、身体健康就可以了，才艺可以没有。降低了期待，孩子马上就会觉得压力减轻了。

替代。如果自己有一个期待，而孩子不喜欢这个期待，则可以找另外一个期待来代替以达到最后的目的。例如，我们期待孩子在周六去上钢琴辅导班，如果孩子不喜欢去，可以替换成他喜欢的活动内容或者重新商量其他时间，总之要以他能接受且愿意为前提。

保留这个期待。很多人对自己期待的一切是绝对不放下的，即使痛苦、难过也要抱着这个期待，这样的家长也是有的。既然要保留期待，那么应当意识到，这个期待是一份"套餐"，不只有你喜欢的，还有你不喜欢的，还有你不能接受的。如果你坚持要孩子按你的方式来，你同时必须接受整个"套餐"：孩子会成为你的意志的一个延伸，他可能会不快乐甚至很痛苦，你必须要在认识并接受这个代价的基础上才能保留这个期待。

回到渴望。体察自己的内心，回想自己为什么会有这样的期待，自己到底在渴望什么，想要什么。有的家长生活在农村，家里孩子多，自幼生活贫寒，常常食不饱腹，就会期待孩子吃饭的时候吃饱再吃饱；有的家长没有机会好好读书，就期待孩子多读书、读好书；有的家长从小没有培养出什么兴趣爱好，成年后羡慕别人有特长，就期待孩子能有更多特长，争取更多的表现机会。家长的期待缘于内心的渴望，这份渴望又是因为曾经的缺失，当家长看到这一点是自己内心的需求时，要多去关爱自己，疗愈自己的内心，解决自己在原生家庭里未解决的问题，避免不合理的期待继续往下一代蔓延。

我们永远相信，人是家庭塑造出来的。家长怎样对孩子，就会产生怎样的孩子。所以为了你的孩子，家长，请直面你的期待！

当父母们想去修正孩子的行为时

———

这不仅是个"拼爹"的年代，更是一个"拼孩子"的年代。父母在享受孩子们可爱的行为带来的欢乐时，也经常被他们带入恐慌：

孩子时不时吮吸手指头，是不是有强迫症？小手随便乱摸，到处都是细菌怎么办？玩泥巴是挺开心的，可是泥巴终究是很脏的东西呀！

他们想及时修正孩子的错误行为，但又不知道如何正确地表达。不幸的是，他们总是习惯性地强行禁止，或者用颁布指令似的口吻命令道：

"放下，不准摸！"

"不要玩××！"或"不要动××！"

"你怎么这么不爱干净！"

"再××就打小手，知不知道！"

而更为不幸的是，在这样的相处模式中，孩子逐渐学会了见招拆招，而忘记了成为他们本来的样子，丢失了做自己的机会。

面对孩子的"不合理行为"，父母们该如何应对呢？

玩泥巴，用脏话表达情绪，吮吸手指等不合理行为的产生，是因为孩子的部分内在需求没有得到满足，需要通过这些行为获得满足来达到平衡。如果这种需求得不到满足和尊重，且一味遭到禁止，那么，这就是一种指责和控制。有些父母会不自觉地利用自己是孩子的生理营养和心理营养的供给者的权威角色，给孩子压力：我对你供给，所以你要听我的。这种父母会把自己认为对的东西强加给孩子，并要求孩子即刻停止某种行为。这时候，孩子为了能继续获得父母的爱而不得不暂时委屈自己放下需求而去讨好父母。如果孩子处于第一逆反期（3岁左右）的时候就会反抗父母的强制，反抗失败时，孩子会逐渐陷入孤僻或陷入更深的讨好。

有些父母则反其道行之，因为宠爱孩子而无休止地满足他，纵容种种不良行为。而这只会促成各种教育悲剧。这种因宠溺而不忍心修正孩子的行为，是一种"讨好"，父母把孩子的需求放在至高无上的位置，为了让孩子开心而忍耐了自己的管教。殊不知当父母把自己放得卑微的时候，孩子就失去了依靠，只能放纵自己的欲望来获得心理的满足感。

还有些父母看似开明，会非常耐心地给孩子讲解是非对错，这种叫作"超理智"。不该玩泥巴、不该啃手指等等，不严厉打骂而是理智地讲道理是正确的，但是过于理智反而会伤害孩子。这种沟通方式的滑稽之处在于，孩子尤其是幼儿期的孩子尚处在"直觉行动思维"的阶段，他们采用直观的行为和动作解决问题。该阶段的孩子是无法判断对错的，他们唯一懂得的就是当有需求的时候需要得到满足。所以，此阶段"苦口婆心地讲道理"无异于"对牛弹琴"。

我们都知道，当人际沟通采用了不健康的行为方式时，人际沟通就会效率很低甚至负向亲近。亲子关系亦然，当父母采用不健康的沟通方式去应对孩子的时候，他们的关系只会日益凸显出问题。而采取有效的、健康的方式和孩子互动，及时地修正错误行为，则能避免陷入控制、讨好、超理智的怪圈。

哪里来的"不对"呢？不要让自己的固有思维限制了孩子的思维发展。

别人的意见和做法与你不一致，在生活中太常见了。成熟的人的做法是虚心向对方学习，"择其善者而从之，择其不善而改之"；不成熟的人的做法则是"我才是对的，你肯定错了"。亲子关系也是人际关系的一种，是否大人比孩子多了二三十年的经验就一定是对的呢？

邹奇奇，被美国媒体誉为"世界上最聪明的孩子"，曾经发表《成年人能从孩子身上学到什么》的演讲，震撼全球，她向全世界的大人们发出疑问："你上次被评价为'幼稚'是什么时候？像我这样的孩子，被称作'幼稚'是常有的事。每一次我们提出无理的要求，或者是做出异于常人的表现时，我们就被称作'幼稚'，这真的很让我为之烦恼。"其实，当孩子用自己的视角看待问题的时候，只是与大人的观察角度不同而已。除了那些危及生命的行为需要被制止之外，大人们也需要向孩子学习，他们的视角里自有你意想不到的美丽。

是否孩子的行为不符合成年人的认知经验，就是不对或不好的呢？这不得而知，我是一个从小在农村长大的孩子，玩泥巴、嘬手指从来没有人制止。当长大后回忆起童年时光时，我觉得那时候的泥巴给了我无比的快乐。成年人"自以为是"地只看到了消极一面，比如"脏""细菌"，而从来没有从孩子的角度用心感受那些游戏带来的乐趣。

也许，父母可以试着放下"我是大人，我的话就是权威"的观点，试着去尊重孩子的视角，带着尊重和平等去沟通意见，孩子就能用开放的态度接受观点。

是陪伴，是鼓励，而不是强求与控制。

有时候我们不得不说父母是一个高难度的角色。因为既需要像朋友一样和孩子开心相处，懂得尊重彼此的观点，又需要维持做父母的"供给者"和"教育者"的角色，甚至还得在精疲力竭的时候扮演上帝，对孩子的需求无限满足，尤其是孩子的心理需求。我们的心理同样有需求，像身体对于食物有需求一样。孩子的身体和心理都需要依赖于父母。

无条件的、有安全感的爱是孩子的第一心理需求，也是低层次的需求。孩子需要感受到爸爸、妈妈这样的爱：无论我好与坏、对与错，你们都是爱我的，都不会抛弃我。有如此信念的孩子才会敢于自由地做自己，自由地快乐，自由地成长。但是在"控制""讨好"与"超理智"里，孩子会渐渐感受不到这种爱。

在"控制"里，孩子很容易就感受到做哪些行为才是被爱的，而哪些不是，仿佛再不听话就会被抛弃。甚至，我们常常会听到这样赤裸裸的威胁，"你再不听话我就不爱你了"，虽是玩笑话，但可想而知，在孩子幼小的心灵里会激起几多涟漪。

在"讨好"里，父母把成年的自己放在过于卑微的位置，一切以孩子为重，却让孩子无法感受到如大树般高大、安全的庇护，只觉得自己是一个断了线的风筝无处可逃，被放任自流而无人帮他树立一个有威严、有爱和安全感的形象。

在"超理智"里，那些大道理被理所当然地提升到训导的层面，而此时，爱就不自觉地被隐藏了。这一点在家庭伴侣的亲密关系中也很常见，例如当你过于和伴侣讲道理、分析对错的时候，爱恰恰就被忽略掉了。

这时候，父母需要带着无条件的爱和坚实的安全感去和孩子相处。先表达爱，然后沟通，让孩子真正感受到自己是被接纳的，被爱的，不会被抛弃的。而这就是真正的陪伴。

成长和探索是人成长的基石，是孩子的第二心理需求，也是高层次的需求。需求的背后是认可。孩子需要通过不断的探索和象征性的游戏来完成对世界的探索，并期待父母可以表达"你很棒"的认可，并不吝用鼓励推动自己继续探索。玩泥巴、爬桌子、说脏话等行为都属于象征性的游戏，是孩子自发选择的一种方式。这时候，父母需要在认可的基础上去鼓励孩子做一些可以满足自身需求的事情，而不是强制禁止。阻止一个行为的最好方式是替代，而不是强行禁止或纵容。当他的需求在另外一件事上渐渐被满足的时候，原先的行为就自然被替换而不会留下任何伤害。

所以，当父母想去修正孩子的错误行为时，需要反思自己惯用的那些话语和行为是否会给孩子带来伤害，反思是否要把自己的标准答案强加给孩子，反思是否可以选择一种满足孩子心理需求的方式来替换错误的行为，而更为重要的是要确定孩子的心里此时仍然充溢着满满的爱和信任。

爱与期待同在

爱是什么？很多人在谈，却常常谈得不明所以。关于爱，定义很多，建议也很多。最多的可能就是无条件的爱，或者无条件的接纳与付出。然后我也在爱与被爱里，在这强大的关于爱的主题里，享受着，也痛苦着。

慢慢品味着无条件的爱的时候，开始欣喜，继而纠结，最后痛苦。

关于爱，有很多人在高谈阔论着，爱是什么，应该怎样。什么才是真正的爱，什么才是懂得爱。爱不能被证明，所以只能证明什么不是爱：占有不是爱，控制不是爱，哭泣不是爱。关于爱，也有很多人在实践着，期待对方对自己忠诚，期待对方为自己做很多事情，当对方离开的时候万分难过而哭泣。当他们去寻求安慰的时候，很多人告诉他们，期待不是爱，或者爱就是无条件地接纳而不要期待。

我没有做到,所以一再在爱里挫败。我自责是不是我做得不够好。可是很久以后,我发现有人跟我一样,他们在爱里挫败的时候,就开始学习如何爱,学习爱是什么,然后学会了爱是无条件的接纳,爱是放下期待,爱是很多,但又发现做不到。在爱的定律里,反而变得更加纠结和自责。指责自己为什么不能好好去爱,为什么要占有和控制,为什么要自私地有期待。

虽然这个话题太形而上,也太过于神圣,我都想谈谈爱与期待了。我渐渐开始怀疑,爱与期待到底能不能分开存在。

无条件的爱到底存不存在,且不去评判。有人说,爱就是无条件的情绪,有条件的接纳行为。又有人说,爱就是无条件地接纳一切。还有人说,爱就是不计回报地付出。不同人不同的说法后面,都有着一致的例子。

譬如说,阳光无条件的爱,给我们温暖。地球无条件的爱,给我们安居。这些都是无条件的爱。我很同意这些非人类的爱,并没有期待。它们不计回报地付出,它们不占有,它们大爱,博爱,它们无条件地爱。它们为什么要这样我不知道,但是它们没有需求,没有意识,这我知道。

为什么人类的爱,常常有期待?因为爱的本身,是一种渴望。即使再强大的人,也需要着,当不能自我满足的时候,自然就期待被满足。没有意识的非人类,它们没有渴望,自然没有期待,没有期待也就没有要求回报。同理,它们没有感受,也没有自我价值。关于爱与被爱,它们付出着,但是不需要被爱,所以无须期待,也无所谓期待。但是,它们这种付出,有时候却也带来伤害,阳光过度的北京难以忍受,地震撕碎的四川让人痛心难忍。它们是一直在付出着，按照自己的意愿付出着。当我们能接受的时候，就说那是无条件的爱；当对我们有伤害的时候，我们又说那是天意或者天灾。可是它们不变，它们不懂什么是爱，只是按照自己的意愿付出着，或者说没有意愿。所以，我更愿意说，爱是人类意识的特权，不应该拿这些非人类甚至非生物的东西来说爱。

再譬如说，母亲的爱。母亲的爱是伟大的，毋庸置疑，但是母亲的爱没有期待却很难。母亲表达爱的方式是无条件地付出，是无论孩子做了什么都无条件地接纳，从这个维度讲，爱是伟大的。但是母亲本身又对孩子有着期待，期待他们好好读书考大学，期待他们健健康康，期待他们遵守家庭规条。从母亲的视角讲，这些期待的风向标是对孩子好，但是从孩子的视角、社会的视角，这些关于听话等家庭规条、一定要考大学等期待未必是真的对孩子好。只能说，这些期待只是母亲的期待，而不是孩子本身的需求。

剩下的爱，被表达和提及最多的就是爱情吧。关于男女之间的爱，听说过很多伟大的爱情故事，感人肺腑。拉到现实里来，很多理想主义的爱情便开始苍白无力，在最初的甜蜜后，就屡屡受挫，至少我没有见过没有挫伤的爱情。

我见过没有期待的爱情，无条件地接纳了对方的行为，即使恋人出轨或者对自己不好，也依然坚持付出着。然后所有朋友都会羡慕被爱的人，同情也佩服着爱的伟大。但是，我却发现这些付出的人，背后藏着太深的期待，不是没有期待，而是压抑了期待，不敢去期待。他们会觉得委屈或者不公平，他们期待对方给他们一点正向的回应，他们忍受着对方一切的行为。他们只是学会了这样一个规条：爱就接纳他的一切。然后压抑了自己。

　　我见到更多的，则是有着很明显期待的爱。期待一种公平：我这么爱你，你就不能爱我一点点吗？期待可以被爱一点。期待一种占有：我这么爱你，你为什么要去找别人而不专——点呢？期待爱的唯一。期待控制：我这么爱你或你爱我就应该为我做饭洗衣，赚钱养家，期待可以为我做点事情。期待关注：我这么爱你，你为什么都看不到或者为什么还要离开？期待不离不弃。

　　期待无处不在，承认或者不承认，看到或者看不到，期待都在那里，不生不灭。有爱，就难以逃脱期待。没有期待是因为没有爱。

　　有人又说，区分，我对你的爱是一回事，对你的期待是另一回事。我可以做出区分，放下期待而保留爱。或者用另外的方式满足期待而不再要求你满足。而我则想说，爱与期待是一个杠杆的两端，没有只有一端的杠杆，更没有分布在两条线上的杠杆。爱与期待是一个硬币的两面，没有了一面就不是硬币。

　　期待与爱同在。有爱就有期待。

　　期待来自于两个方面，最终也来自一个方面。一个是为我好，我爱你也满足了你对爱的渴望，同时也期待你来满足我的渴望，你要努力，要专一，要完美，要符合我的标准，按我的期待来爱我。另一个方面，则是为你好，当然是按我的标准里的好，期待你好好生活，期待你诚实守信，期待你不要惹事，期待你照顾好自己。这里有个很有意思的中转心理过程，期待的是我的世界里认为的好而不是你的世界里认为的好。但是这个期待的背后，也是在满足我对于价值的渴望，我对你的这些爱让我觉得自己很有价值。所以，最终还是一个方面：满足自己。

　　既然爱，就难以逃脱期待。那就不要再去尝试放弃期待。强行让自己放弃期待，带来的只是无尽的伤害、委屈、不爽、讨好。

爱有多深，期待就会有多重。同时，期待有多重，爱就有多深。你看到一方面的时候，但愿能同时看到另一方面。只接受一方面而忽略另一方面，必然是要出问题的。你只看到一个人对你有很高的期待让你想逃的时候，不妨去想想后面的爱。你想接受一个人很爱很爱你的时候，也要同时接纳他背后的期待。

这样就成了，**爱的问题，不是不该有期待，而是怎样应对期待。健康的爱，依然有很多的期待，因为期待无处不在，也无法逃避。**

健康的爱是学会如何应对期待，如何在表达期待的同时，不会伤害到自己，也不会伤害到爱人。这就是表达爱的艺术，更或者说，表达期待的艺术。

当然，你真的能够强大到像佛陀那样，也是可以没有期待，只有无条件的爱的。

我想是这样的吧，爱与期待同在，须学习如何处理期待。